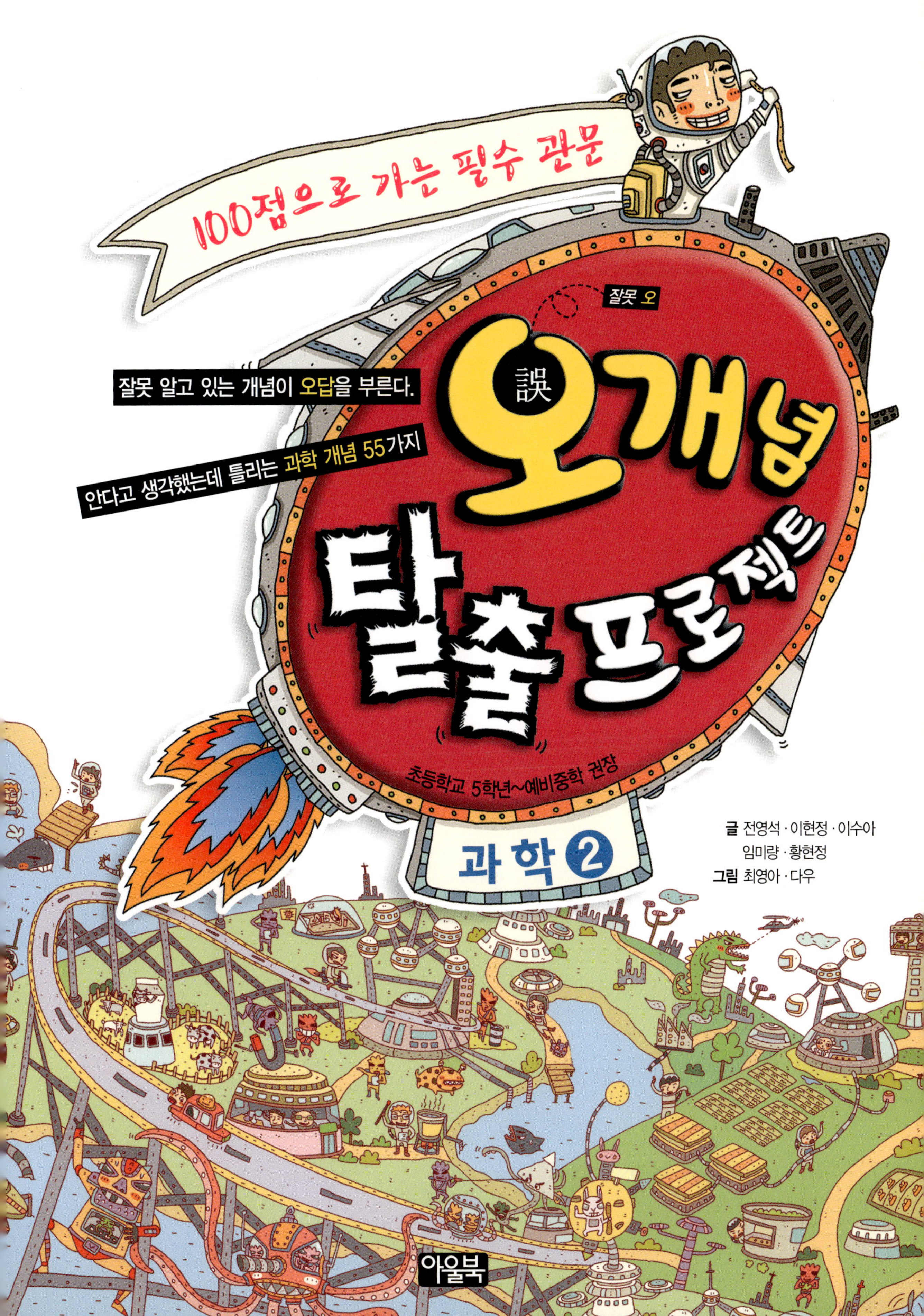
100점으로 가는 필수 관문
잘못 알고 있는 개념이 오답을 부른다.
안다고 생각했는데 틀리는 과학 개념 55가지
잘못 오
誤
오개념
탈출 프로젝트
초등학교 5학년~예비중학 권장
과학 2
글 전영석·이현정·이수아
임미량·황현정
그림 최영아·다우
아울북

과학 오개념! 계속 가지고 있어도 될까요?

- 감자와 고구마는 모두 뿌리다.
- 사막에는 식물이 살지 않는다.
- 남극과 북극은 항상 겨울이다.
- 별은 하늘에 붙어 있다.
- 묽은 염산에 물을 많이 넣으면 중성 용액이 된다.
- 물에는 불을 끄는 성분이 있다.
- 냉장고를 열어 두면 방 안이 시원해진다.

위의 내용은 초등학생들이 자연 현상에 대해 흔히 가지는 생각입니다. 얼핏 보면 그럴 듯해 보이지만 과학적으로는 틀린 개념입니다. 이처럼 과학 이론과는 맞지 않는 학생들의 잘못된 개념을 오개념이라고 합니다.

학생들은 어떻게 오개념을 갖게 될까요?

학생들이 과학 분야에서 오개념을 가지는 이유는 다음과 같이 몇 가지로 생각해 볼 수 있습니다.

첫째, 학생들이 현상이나 경험에 의존한 사고를 하기 때문에 생길 수 있습니다. '물에 설탕을 넣었을 때 사라진다.' 라고 대답하는 학생은 눈으로 관찰한 사실만을 바탕으로 생각했기 때문입니다.

둘째, 추상적인 과학 이론을 이해하기 힘들기 때문에 생길 수 있습니다. 우리는 중력, 자기력 등의 힘을 일상 생활에서 느끼기 힘들기 때문에 학생들이 이해하는 데 어려움을 느낍니다.

셋째, 일상 생활에서 사용하는 용어와 과학에서 사용하는 용어의 정의가 달라서 오개념이 생기기도 합니다. 예를 들어 과학에서의 '일' 과 일상 생활에서의 '일' 은 같은 단어지만, 과학에서는 그 의미가 다릅니다.

넷째, 텔레비전, 책, 주변 사람들의 잘못된 정보가 오개념을 만들기도 합니다.

예전 텔레비전 광고의 '침대는 가구가 아닙니다. 과학입니다.' 라는 광고 카피를 기억하십니까? 이때 많은 초등학생들이 침대는 가구가 아닌 것으로 알고 있었다고 합니다.

　다섯째, 과학 법칙에는 예외적인 상황이 있을 수 있는데, 이런 것을 무시하고 지나치게 일반화를 했을 때 오개념이 생길 수 있습니다.

오개념은 왜 바로잡아야 할까요?

　오개념은 학생들에게 있어서 일종의 신념에 가깝기 때문에 한두 번의 수업으로는 쉽게 바뀌지 않습니다. 시험공부를 할 때에는 올바른 과학 개념을 외우고 있다가도, 시험이 끝나면 원래의 오개념으로 되돌아오는 경우가 많습니다. 초등학교 때부터 이런 식으로 오개념이 누적되다가 학년이 올라가면서 더 이상 손쓸 수 없을 정도로 오개념이 쌓이게 되면, 과학을 점점 어렵게 느끼면서 결국 포기하게 되는 것입니다. 더욱 더 큰 문제는 성인이 되어서도 고쳐지지 않은 오개념이 자꾸 대물림된다는 것이지요. 이렇게 오개념을 가진 사람이 교사가 되어 학생들에게 오개념을 가르치거나, 부모가 아이들에게 오개념을 알려주는 경우도 많습니다. 연구에 따르면 과학교사가 오개념을 가지고 있는 경우도 상당한 것으로 나타나고 있습니다.

오개념을 바로잡으려면 어떻게 해야 할까요?

　올바른 과학 개념을 익히려면 내가 어떤 오개념을 가지고 있는지부터 알아야 합니다. 이 책은 초등학생들이 가지고 있는 과학 분야의 오개념을 분석한 여러 논문 자료에 나타난 주제 중 초등학교 선생님들이 엄선한 120여개의 주제를 선정하였습니다. 각각의 개념들은 재미있는 상황을 제시하여 내가 알고 있는 개념에 의문을 품게 한 다음, 오개념 진단 질문을 통해 자신이 가지고 있는 오개념을 스스로 파악하게 하였습니다. 본문에서는 자세한 설명을 통해 올바른 과학 개념을 소개하고, 각 영역 마지막에 제시된 〈시험에서 속기 쉬운 오개념〉 문제를 풀어봄으로써 올바른 과학 개념을 익힐 수 있도록 하였습니다.

　이 책을 통해 학생들이 오개념에서 벗어나 올바른 과학 개념을 익혀 참다운 과학의 세계로 들어오길 희망합니다.

　　　　2009년 4월　　전영석, 이현정, 이수아, 임미량, 황현정(과학주머니)

오개념
쉽게 빠지는 오개념 주제예요.

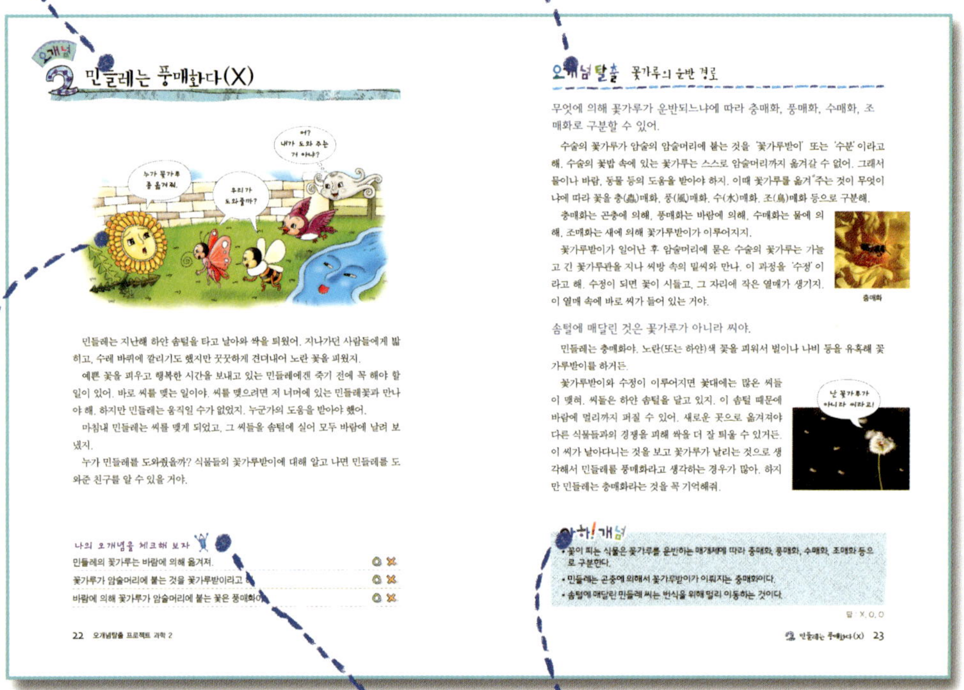

오개념 탈출
오개념에 빠진 이유를 하나씩 짚어가며 설명해 줘요.

오개념에 빠지는 상황을 재미있는 이야기와 삽화를 통해 쉽게 도입하고 있어요.

아하! 개념
탈출한 오개념을 정리해요.

나의 오개념을 스스로 체크해 보고, 무엇을 모르고 있는지 알아봐요.

시험에서 속기 쉬운 오개념

각 영역별로 틀리기 쉬운 시험 문제를 풀면서 오개념을 확실히 탈출했는지 확인할 수 있어요.

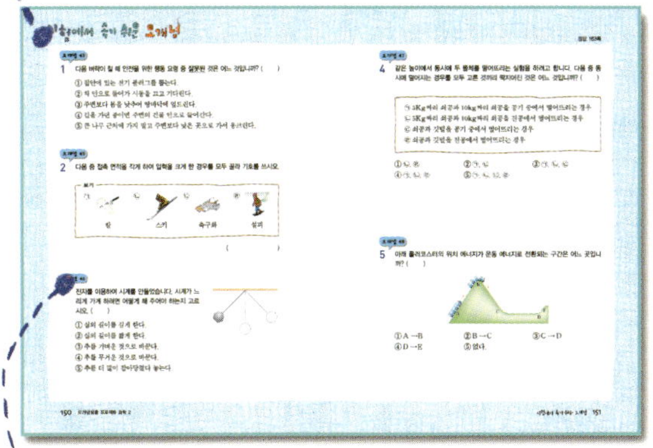

각 문제가 어떤 오개념에 해당하는지 한눈에 알 수 있어요.

오개념 체크 리스트

각 영역별 표제어에 해당하는 간단한 체크 문항이에요. 평소에 얼마나 바른 개념을 가지고 있는지 확인함으로써 스스로 오개념을 체크해요.

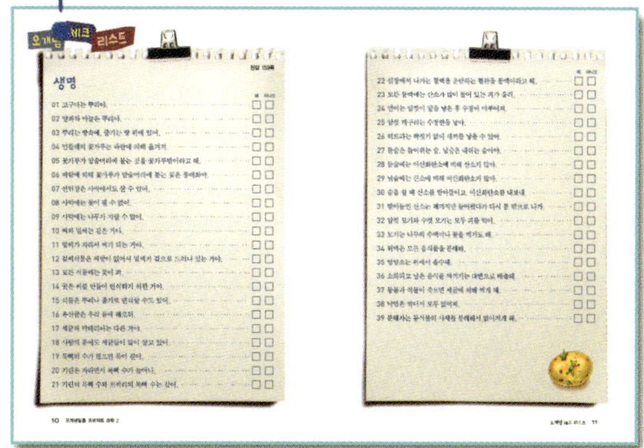

용어 찾아보기

초등학교 교과서에 나오는 핵심 용어가 포함된 페이지를 쉽고 빠르게 찾을 수 있어요.

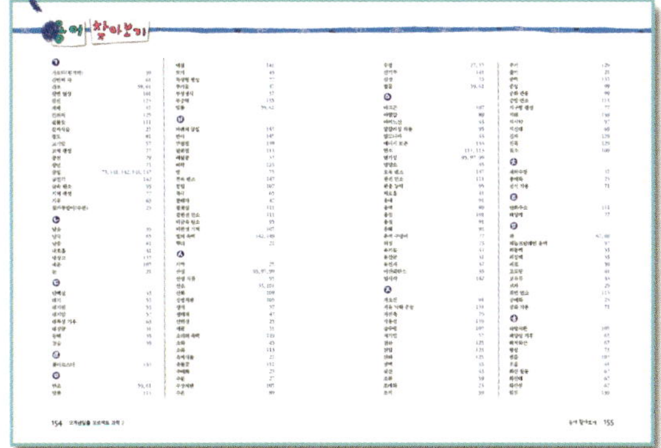

교과 관련 찾아보기 (표제어순)

각 오개념의 표제어가 교과 과정의 어떤 단원과 연결되어 있는지 한눈에 볼 수 있어요.

생명

지구와 우주

물질

에너지

시험에서 속기 쉬운 오개념 150

생명

	예	아니오

01 고구마는 뿌리야. ☐ ☐

02 양파와 마늘은 뿌리야. ☐ ☐

03 뿌리는 땅속에, 줄기는 땅 위에 있어. ☐ ☐

04 민들레의 꽃가루는 바람에 의해 옮겨져. ☐ ☐

05 꽃가루가 암술머리에 붙는 것을 꽃가루받이라고 해. ☐ ☐

06 바람에 의해 꽃가루가 암술머리에 붙는 꽃은 풍매화야. ☐ ☐

07 선인장은 사막에서도 살 수 있어. ☐ ☐

08 사막에는 꽃이 필 수 없어. ☐ ☐

09 사막에는 나무가 자랄 수 없어. ☐ ☐

10 씨와 밑씨는 같은 거야. ☐ ☐

11 밑씨가 자라서 씨가 되는 거야. ☐ ☐

12 겉씨식물은 씨방이 없어서 밑씨가 겉으로 드러나 있는 거야. ☐ ☐

13 모든 식물에는 꽃이 펴. ☐ ☐

14 꽃은 씨를 만들어 번식하기 위한 거야. ☐ ☐

15 식물은 뿌리나 줄기로 번식할 수도 있어. ☐ ☐

16 유산균은 우리 몸에 해로워. ☐ ☐

17 세균과 박테리아는 다른 거야. ☐ ☐

18 사람의 몸에도 세균들이 많이 살고 있어. ☐ ☐

19 목뼈의 수가 많으면 목이 길어. ☐ ☐

20 기린은 자라면서 목뼈 수가 늘어나. ☐ ☐

21 기린의 목뼈 수와 코끼리의 목뼈 수는 같아. ☐ ☐

예　아니오

22 심장에서 나가는 혈액을 운반하는 혈관을 동맥이라고 해. …………… ☐ ☐

23 모든 동맥에는 산소가 많이 들어 있는 피가 흘러. …………… ☐ ☐

24 연어는 암컷이 알을 낳은 후 수정이 이루어져. …………… ☐ ☐

25 암컷 개구리는 수정란을 낳아. …………… ☐ ☐

26 히드라는 짝짓기 없이 새끼를 낳을 수 있어. …………… ☐ ☐

27 들숨은 들이쉬는 숨, 날숨은 내쉬는 숨이야. …………… ☐ ☐

28 들숨에는 이산화탄소에 비해 산소가 많아. …………… ☐ ☐

29 날숨에는 산소에 비해 이산화탄소가 많아. …………… ☐ ☐

30 숨을 쉴 때 산소를 받아들이고, 이산화탄소를 내보내. …………… ☐ ☐

31 받아들인 산소는 폐까지만 들어왔다가 다시 몸 밖으로 나가. …………… ☐ ☐

32 암컷 모기와 수컷 모기는 모두 피를 먹어. …………… ☐ ☐

33 모기는 나무의 수액이나 꿀을 먹기도 해. …………… ☐ ☐

34 위액은 모든 음식물을 분해해. …………… ☐ ☐

35 영양소는 위에서 흡수돼. …………… ☐ ☐

36 소화되고 남은 음식물 찌꺼기는 대변으로 배출돼. …………… ☐ ☐

37 동물과 식물이 죽으면 세균에 의해 썩게 돼. …………… ☐ ☐

38 낙엽은 썩어서 모두 없어져. …………… ☐ ☐

39 분해자는 동식물의 사체를 분해해서 없어지게 해. …………… ☐ ☐

지구와 우주

	예	아니오
40 지상에서 높이 올라갈수록 기온이 올라가.	☐	☐
41 대기권의 기온은 어디나 같아.	☐	☐
42 산 위는 항상 저기압이야.	☐	☐
43 1기압보다 높으면 고기압이야.	☐	☐
44 바람은 기압차로 인해서 생겨.	☐	☐
45 밀물과 썰물은 하루에 한 번씩 일어나.	☐	☐
46 바닷물이 밀려들어 오고 밀려나가는 것은 매일 같은 시각에 일어나.	☐	☐
47 밀물과 썰물은 갯벌에서만 일어나.	☐	☐
48 서해가 동해보다 만조와 간조의 차가 커.	☐	☐
49 날씨는 위도의 영향만 받아.	☐	☐
50 위도가 높으면 언제나 더 추워.	☐	☐
51 남극과 북극에는 계절의 변화가 없어.	☐	☐
52 남극이 여름이면 북극은 겨울이야.	☐	☐
53 극지방에는 온종일 낮인 시기가 있어.	☐	☐
54 화산 분출은 육지뿐만 아니라 바다에서도 일어나.	☐	☐
55 화산 분출은 대륙의 경계에서만 일어나..	☐	☐
56 대륙에서는 지진이 일어나지 않아.	☐	☐
57 지진은 지진대에서만 일어나.	☐	☐
58 달에서는 풍화 작용과 침식 작용이 일어나지 않아.	☐	☐
59 달의 운석 구덩이 수는 변하지 않아.	☐	☐
60 달에서는 별똥별(유성)을 더 많이 볼 수 있어.	☐	☐

예　아니오

61　밤하늘에 빛나는 것은 모두 별이야. □ □

62　달은 태양빛을 반사해서 빛나. □ □

63　별은 모두 같은 거리에 있어. □ □

64　지구에서 어떤 별까지의 거리는 별과 별 사이의 거리보다 항상 멀어. □ □

65　모든 행성은 단단한 표면으로 이루어져 있어. □ □

66　모든 행성의 기체 성분은 같아. □ □

67　토성에는 고리가 있어. □ □

68　우리나라가 겨울이면 다른 나라도 모두 겨울이야. □ □

69　계절은 태양과 지구 사이의 거리에 따라 달라져. □ □

70　태양이 남중하는 시각은 지방마다 같아. □ □

71　낮 12시에 태양은 내 머리 위에 있어. □ □

물질

예　아니오

72 용액은 액체야. ┄┄┄┄┄┄┄┄┄┄┄┄┄┄┄┄┄┄┄┄ ☐ ☐

73 물은 용액이야. ┄┄┄┄┄┄┄┄┄┄┄┄┄┄┄┄┄┄┄┄ ☐ ☐

74 용액은 두 가지 이상의 물질이 섞여 있는 거야. ┄┄┄┄ ☐ ☐

75 설탕물의 아랫부분이 가장 달아. ┄┄┄┄┄┄┄┄┄┄ ☐ ☐

76 물의 온도가 일정해도 시간이 지나면 설탕이 아래쪽에 가라앉아. ┄ ☐ ☐

77 이산화탄소는 물에 녹아. ┄┄┄┄┄┄┄┄┄┄┄┄┄┄ ☐ ☐

78 기체의 용해도는 온도에 비례해. ┄┄┄┄┄┄┄┄┄┄ ☐ ☐

79 모든 기체는 물에 녹아. ┄┄┄┄┄┄┄┄┄┄┄┄┄┄ ☐ ☐

80 산성을 띠는 물질은 모두 산성 식품이야. ┄┄┄┄┄┄ ☐ ☐

81 염기성을 띠는 물질은 모두 알칼리성 식품이야. ┄┄┄┄ ☐ ☐

82 김치는 산성 식품이야. ┄┄┄┄┄┄┄┄┄┄┄┄┄┄ ☐ ☐

83 우유는 중성 용액이야. ┄┄┄┄┄┄┄┄┄┄┄┄┄┄ ☐ ☐

84 리트머스 종이는 용액의 성질을 정확하게 판단할 수 있어. ┄ ☐ ☐

85 리트머스 종이는 지시약이야. ┄┄┄┄┄┄┄┄┄┄┄ ☐ ☐

86 산성 용액에 물을 넣으면 중성이 돼. ┄┄┄┄┄┄┄┄ ☐ ☐

87 염기성 용액에 물을 넣으면 중성이 돼. ┄┄┄┄┄┄┄ ☐ ☐

88 산성 용액과 염기성 용액이 적당히 섞이면 중성 용액이 돼. ┄ ☐ ☐

89 공기 중에는 산소가 가장 많이 포함되어 있어. ┄┄┄┄ ☐ ☐

90 산소의 농도가 높을수록 신선한 공기야. ┄┄┄┄┄┄ ☐ ☐

91 산소는 우리에게 해를 끼치지 않아. ┄┄┄┄┄┄┄┄ ☐ ☐

92 기체에 힘을 가하면 부피가 줄어들어. ┄┄┄┄┄┄┄ ☐ ☐

예　아니오

93 기체에 힘을 가하면 분자의 크기가 줄어들어. …………………… □ □

94 기체에 힘을 가하면 분자의 수가 줄어들어. …………………… □ □

95 이산화탄소는 물에 녹아. …………………………………………… □ □

96 산소는 물에 녹아. ………………………………………………… □ □

97 물에서 모으는 기체는 물에 녹지 않아. ………………………… □ □

98 헬륨 기체를 머금고 이야기를 하면 목소리가 높아져. ………… □ □

99 헬륨 기체는 성대를 자극하기 때문에 몸에 해로워. …………… □ □

100 소리의 속력은 항상 일정해. …………………………………… □ □

101 과자의 양을 속이기 위해 공기를 넣는 거야. ………………… □ □

102 질소는 우리 몸에 해로워. ……………………………………… □ □

103 붉은색보다는 푸른색 불꽃의 온도가 높아. …………………… □ □

104 가장 밝은 속불꽃이 겉불꽃보다 온도가 높아. ……………… □ □

105 불꽃의 색깔은 온도와는 관계가 없어. ………………………… □ □

106 모든 화재에 물을 이용할 수 있어. …………………………… □ □

107 온도를 낮추면 불을 끌 수 있어. ……………………………… □ □

108 물질이 빛과 열을 내며 타는 현상을 연소라고 해. ………… □ □

109 심지가 없어도 초에 불을 붙일 수 있어. ……………………… □ □

110 초의 파라핀은 일정한 온도 이상이 되어야 불이 붙어. …… □ □

111 고체인 초와 촛농의 성분은 달라. ……………………………… □ □

정답 159쪽

에너지

| | 예 | 아니오 |

112 벼락이 칠 때 소보다 닭이 더 안전해. ☐ ☐

113 전기 감전에 의한 피해는 인체에 흐르는 전류의 세기에 의해 결정돼. ☐ ☐

114 벼락이 칠 때 자동차 안이 안전한 이유는 전기가 통하지 않는 고무로 바퀴를 만들었기 때문이야. ☐ ☐

115 건전지는 전기 회로에서 전압을 일정하게 유지시켜 주는 역할을 해. ☐ ☐

116 건전지는 전류를 흐르게 하는 (+) 전하와 (−) 전하를 계속 공급해 줘. ☐ ☐

117 건전지가 다 닳으면 가벼워져. ☐ ☐

118 큰 힘이 있어야만 큰 압력이 생겨. ☐ ☐

119 같은 물체라면 다른 물체에 작용하는 압력은 항상 같아. ☐ ☐

120 자전거 바퀴가 자동차 바퀴보다 더 큰 압력을 받아. ☐ ☐

121 무거운 사람이 탄 그네가 더 천천히 움직여. ☐ ☐

122 그네의 길이가 길수록 그네는 천천히 움직여. ☐ ☐

123 공기 중에서 무거운 공이 가벼운 공보다 빨리 떨어져. ☐ ☐

124 공기 중에서 쇠구슬과 깃털을 함께 떨어뜨리면 동시에 떨어져. ☐ ☐

125 롤러코스터도 엔진이 있어. ☐ ☐

126 정지해 있는 물체도 에너지를 가지고 있어. ☐ ☐

127 공기가 없으면 중력도 없어. ☐ ☐

128 진공에서는 물체가 아래로 떨어지지 않아. ☐ ☐

129 인공위성에서는 중력을 느끼지 못해. ☐ ☐

130 냉장고를 열어 두면 방 안이 시원해져. ☐ ☐

예　아니오

131 에어컨과 냉장고의 원리는 같아. ……………………… ☐ ☐

132 도구를 사용하면 항상 힘이 작게 들어. ……………… ☐ ☐

133 젓가락도 지레의 원리를 이용한 도구야. …………… ☐ ☐

134 핀셋은 작은 힘으로 큰 힘을 내기 위해 써. ………… ☐ ☐

135 신기루는 착시 현상이야. ………………………………… ☐ ☐

136 신기루는 사진에 찍히지 않아. ………………………… ☐ ☐

137 신기루는 북극처럼 추운 곳에서도 볼 수 있어. …… ☐ ☐

138 얼굴만 보이는 거울도 뒤로 물러서면 전신을 볼 수 있어. ……… ☐ ☐

139 사람 키의 절반 크기 정도되는 평면 거울이 있으면 전신을 다 비출 수

　　　 있어. ……………………………………………………… ☐ ☐

140 볼록 렌즈로 빛을 모을 때 렌즈가 뜨거워져. ……… ☐ ☐

141 근시용 안경으로 빛을 모아 불을 피울 수 있어. …… ☐ ☐

142 오목 렌즈를 통과한 빛은 퍼져 나아가. ……………… ☐ ☐

143 야구장에서 모든 사람의 응원가 소리는 동시에 들려. …… ☐ ☐

144 멀리서 폭발이 생기면 번쩍하는 빛과 쾅 소리가 동시에 들려. …… ☐ ☐

145 소리의 속력은 공기 중에서보다 물속에서 더 빨라. …… ☐ ☐

요개념
생명

감자와 고구마는 모두 뿌리다(X)

땅속 세상이 아주 시끌벅적해. 제1회 땅속 식물 체육대회가 열리거든. 그런데 어떤 기준으로 팀을 나눠야 할지 결정하지 못한 땅속 식물들은 식물 박사님께 모든 것을 맡겼어.

체육대회 날, 경기장에 걸려 있는 플래카드를 보고 땅속 식물들은 모두 놀랐어. 땅속에 살기 때문에 자신들이 늘 뿌리라고 생각하며 살아왔는데, 팀이 뿌리팀과 줄기팀으로 나뉘어 있는 거야. 경기장에 모인 수많은 식물들은 웅성거리기 시작했어. 특히 감자와 고구마는 서로의 손을 꼭 잡고 어리둥절해했어. 생김새가 비슷해서 늘 한 형제처럼 지냈는데, 서로 다른 팀이라는 거야.

땅속 식물들이 혼란스러워하는 것은 식물의 뿌리는 땅속에, 줄기는 땅 위에 있다는 오개념 때문이야. 땅속에 있다고 해서 무조건 뿌리일까? 땅속줄기에 대해서 알게 되면 팀을 잘 나눠서 즐겁게 체육대회를 할 수 있을 거야.

나의 오개념을 체크해 보자 

고구마는 뿌리야. ⭕ ❌

양파와 마늘은 뿌리야. ⭕ ❌

뿌리는 땅속에, 줄기는 땅 위에 있어. ⭕ ❌

땅속에 있는 줄기도 있어.

식물의 뿌리는 땅속에, 줄기와 잎은 땅 위에 있는 것이 보통이지만 식물 중에는 줄기가 땅속에 있는 것이 있어. 줄기가 땅속에 있는 것을 땅속줄기라고 하는데, 모양에 따라 이름도 달라져.

감자와 같이 땅속줄기의 일부가 양분을 저장해서 커진 것을 덩이줄기, 연꽃과 같이 가늘고 길게 옆으로 뻗어 군데군데에서 줄기나 잎이 나는 것을 뿌리줄기, 토란과 같이 줄기에 양분을 저장해서 줄기 자체가 커진 것을 알줄기, 양파, 마늘과 같이 양분을 저장하고 있는 커다란 잎들이 짧은 줄기의 둘레를 빽빽하게 둘러싸고 있는 것을 비늘줄기라고 해.

감자는 줄기, 고구마는 뿌리야.

감자는 땅속에 있기 때문에 식물의 뿌리 부분이라고 생각하기 쉬운데, 사실은 땅속에 있는 줄기의 일부가 양분을 저장하여 커진 덩이줄기야. 감자의 표면을 잘 살펴보면 약간 들어간 부분이 있는데, 싹이 새로 터져나오려고 하는 거야. 이것을 눈이라고 해. 눈에는 잎으로 성장할 수 있는 새싹들이 있어. 그래서 감자를 잘라서 심으면 아래쪽으로는 뻗는 뿌리를, 위쪽으로는 지면을 뚫고 올라가는 새싹을 내서 자라게 되지.

고구마는 감자와 아주 비슷해 보이지만 줄기가 아니라 뿌리야. 감자는 줄기의 일부가 커진 것이고, 고구마는 뿌리가 커진 것이지. 고구마처럼 양분을 저장하기 위해 뿌리가 커진 것을 덩이뿌리라고 해. 고구마의 줄기는 땅 위를 기어가고, 기는줄기 밑쪽으로 뿌리를 내어 그 일부가 커져서 고구마가 되는 거야. 또 고구마에는 눈이 없다는 것도 감자와 다른 점이라고 할 수 있어.

감자의 눈

아하! 개념

- 줄기가 땅속에 있는 것을 땅속줄기라고 한다.
- 감자는 땅속에 있는 줄기의 일부가 양분을 저장하여 커진 것으로 덩이줄기라고 한다.
- 고구마는 뿌리가 양분을 저장하여 커진 것으로 덩이뿌리라고 한다.

답 : O, X, X

2 민들레는 풍매화다 (X)

민들레는 지난해 하얀 솜털을 타고 날아와 싹을 틔웠어. 지나가던 사람들에게 밟히고, 수레 바퀴에 깔리기도 했지만 꿋꿋하게 견뎌내어 노란 꽃을 피웠지.

예쁜 꽃을 피우고 행복한 시간을 보내고 있는 민들레에겐 죽기 전에 꼭 해야 할 일이 있어. 바로 씨를 맺는 일이야. 씨를 맺으려면 저 너머에 있는 민들레꽃과 만나야 해. 하지만 민들레는 움직일 수가 없었지. 누군가의 도움을 받아야 했어.

마침내 민들레는 씨를 맺게 되었고, 그 씨들을 솜털에 실어 모두 바람에 날려 보냈지.

누가 민들레를 도와줬을까? 식물들의 꽃가루받이에 대해 알고 나면 민들레를 도와준 친구를 알 수 있을 거야.

나의 오개념을 체크해 보자

민들레의 꽃가루는 바람에 의해 옮겨져.   ○ ✗

꽃가루가 암술머리에 붙는 것을 꽃가루받이라고 해.   ○ ✗

바람에 의해 꽃가루가 암술머리에 붙는 꽃은 풍매화야.   ○ ✗

무엇에 의해 꽃가루가 운반되느냐에 따라 충매화, 풍매화, 수매화, 조매화로 구분할 수 있어.

　수술의 꽃가루가 암술의 암술머리에 붙는 것을 '꽃가루받이' 또는 '수분'이라고 해. 수술의 꽃밥 속에 있는 꽃가루는 스스로 암술머리까지 옮겨갈 수 없어. 그래서 물이나 바람, 동물 등의 도움을 받아야 하지. 이때 꽃가루를 옮겨 주는 것이 무엇이냐에 따라 꽃을 충(蟲)매화, 풍(風)매화, 수(水)매화, 조(鳥)매화 등으로 구분해.

　충매화는 곤충에 의해, 풍매화는 바람에 의해, 수매화는 물에 의해, 조매화는 새에 의해 꽃가루받이가 이루어지지.

　꽃가루받이가 일어난 후 암술머리에 묻은 수술의 꽃가루는 가늘고 긴 꽃가루관을 지나 씨방 속의 밑씨와 만나. 이 과정을 '수정'이라고 해. 수정이 되면 꽃이 시들고, 그 자리에 작은 열매가 생기지. 이 열매 속에 바로 씨가 들어 있는 거야.

충매화

솜털에 매달린 것은 꽃가루가 아니라 씨야.

　민들레는 충매화야. 노란(또는 하얀)색 꽃을 피워서 벌이나 나비 등을 유혹해 꽃가루받이를 하거든.

　꽃가루받이와 수정이 이루어지면 꽃대에는 많은 씨들이 맺혀. 씨들은 하얀 솜털을 달고 있지. 이 솜털 때문에 바람에 멀리까지 퍼질 수 있어. 새로운 곳으로 옮겨져야 다른 식물들과의 경쟁을 피해 싹을 더 잘 틔울 수 있거든. 이 씨가 날아다니는 것을 보고 꽃가루가 날리는 것으로 생각해서 민들레를 풍매화라고 생각하는 경우가 많아. 하지만 민들레는 충매화라는 것을 꼭 기억해줘.

- 꽃이 피는 식물은 꽃가루를 운반하는 매개체에 따라 충매화, 풍매화, 수매화, 조매화 등으로 구분한다.
- 민들레는 곤충에 의해서 꽃가루받이가 이뤄지는 충매화이다.
- 솜털에 매달린 민들레 씨는 번식을 위해 멀리 이동하는 것이다.

답 : X, O, O

3 사막에는 식물이 살지 않는다(X)

어린왕자는 매일 자신의 행성에 자라나는 바오밥나무를 뽑아내야 했어. 바오밥나무가 자라면 행성을 모두 덮어 버려 행성이 쪼개져 버리기 때문이지. 바오밥나무를 뽑느라 지친 어린 왕자는 쉬기 위해 지구로 여행을 떠났지.

"휴, 당분간 나무는 보고 싶지 않아. 나무가 없는 사막으로 가야겠어."

잠시 후 어린 왕자는 지구의 사막에 도착했어. 그런데 비행기에서 내린 어린왕자는 그 자리에 주저앉고 말았어. 그곳에 자신의 행성에서 자라는 것보다 더 큰 바오밥나무가 서 있었기 때문이야.

"사막에 어떻게 식물이 살고 있지? 내가 잘못 왔나?"

어린왕자가 내린 곳은 틀림없이 사막이었어. 사막에는 식물이 없을 거라는 생각이 오개념이었던 거지. 그럼 사막에 어떤 식물들이 살고 있는지 알아보자.

나의 오개념을 체크해 보자 

선인장은 사막에서도 살 수 있어. ◎ ✕

사막에는 꽃이 필 수 없어. ◎ ✕

사막에는 나무가 자랄 수 없어. ◎ ✕

오개념탈출 환경에 따른 식물의 구조와 살아가는 방식

선인장은 건조한 곳에서도 잘 살아.

건조한 사막에도 식물들은 살고 있어. 사막의 식물들은 수시로 물을 공급받기가 어렵기 때문에 한번 흡수한 물을 잘 보존할 수 있는 구조로 되어 있지. 대표적인 식물이 바로 선인장이야. 잎이 넓으면 수분이 많이 증발해서 오래 견딜 수 없기 때문에 선인장의 잎은 가시로 변했어. 가시는 줄기를 먹이로 삼는 동물들로부터 자신을 지키는 역할도 하지. 잎이 가시 모양이다 보니 선인장은 줄기에서 햇빛을 받아 양분을 만들어. 선인장의 줄기는 넓고 도톰하게 생긴 다육질이어서 비가 오면 많은 양의 수분을 흡수해서 줄기가 급속히 부풀지. 또한 줄기가 원통 모양이나 공 모양의 것이 많은데, 이런 모양 덕분에 공기와 햇빛에 접하는 면이 적어 수분 증발이 천천히 일어나. 선인장의 꽃은 대부분 화려하지만 피어 있는 시간이 매우 짧아. 종류에 따라 꽃잎에서 물이 증발하는 것을 막기 위해 밤에만 꽃이 피는 것도 있어.

선인장

사막에는 비가 오고 나면 꽃이 만발하기도 해.

사막에는 일정 기간 동안만 비가 내려. 비가 오면 식물들은 일제히 싹을 틔우고 빠르게 자라나지. 비가 온 직후, 황량했던 사막은 아름다운 꽃들로 채워져. 하지만 씨앗을 남기고 금세 죽어버리지. 남겨진 씨앗은 성장하기에 충분할 정도의 물기가 생길 때까지 강한 햇빛을 피해 흙속에 묻혀 지내. 이런 식물들은 6~8주일 정도의 짧은 일생을 살아.

사막에도 나무가 있어.

건조한 사막에는 여러 종류의 아카시아나무가 살고 있어. 잎과 가지가 우산 모양을 하고 있는데, 수분이 부족해지면 잎사귀가 접혀서 떨어져 버려. 비가 오고 나면 다시 새로운 잎들이 돋아나지. **스펀지** 같은 목질로 이루어진 거대한 줄기를 가진 바오밥나무도 사막에서 살고 있어.

아하! 개념

- 사막 식물의 구조나 살아가는 방식은 건조한 기후에 맞도록 변해 왔다.
- 선인장의 가시는 수분 증발을 막기 위해 잎이 변한 것이다.
- 사막 식물은 짧은 기간 동안 싹을 틔워 꽃을 피우고, 씨앗을 남긴다.

답 : O, X, X

4 씨가 겉으로 보이는 식물이 겉씨식물이다(X)

오늘 개념이는 친구들과 가을 소풍을 갔어. 은행잎이 노랗게 물든 길을 걸으며 아름다운 풍경을 즐기고 있을 때 어디에선가 이상한 냄새가 풍겨왔어. 바로 은행의 고약한 냄새였지.

그때 개념이는 누군가에게 밟혀 뭉개진 은행을 보았어. 개념이는 은행의 씨를 집어 들면서 자신있게 말했어.

"은행나무처럼 은행 씨가 겉으로 보이는 것을 겉씨식물이라고 하는 거야." 개념이의 말을 들으신 선생님이 조심스럽게 말씀하셨어.

"개념아, 씨가 아니라 밑씨가 겉으로 드러난 식물을 겉씨식물이라고 하는 거야. 이건 씨이지 밑씨가 아니란다."

"밑씨와 씨가 같은 거 아닌가요?"

개념이는 아는 척한 것이 창피하기도 했지만 선생님의 말씀이 잘 이해되지 않았어. 지금부터 겉씨식물에 대해 알아보자.

나의 오개념을 체크해 보자 

씨와 밑씨는 같은 거야.   ◎ ✖

밑씨가 자라서 씨가 되는 거야.   ◎ ✖

겉씨식물은 씨방이 없어서 밑씨가 겉으로 드러나 있는 거야.   ◎ ✖

밑씨가 수정된 후 성숙한 것을 씨라고 해.

밑씨와 씨를 같은 것이라고 생각하기 쉬운데, 밑씨와 씨는 다른 거야.

밑씨는 암꽃에 있는 생식 기관으로, 밑씨 안에는 난세포가 있어. 꽃가루받이(수분)가 된 후 꽃가루에서는 화분관(꽃가루관)이 길어져 암술대를 뚫고 들어가 암술 속의 밑씨를 향해 내려가지. 그 후 화분관 속 정세포는 밑씨의 난세포와 만나 수정이 되어 수정란을 형성해. 이 수정란이 성숙해져서 어린 식물로 자랄 수 있도록 어느 정도 형태를 갖추었을 때의 밑씨를 **씨**(종자)라고 부르는 거야. 즉, 밑씨가 수정된 후에 성숙한 것을 씨라고 하는 거지.

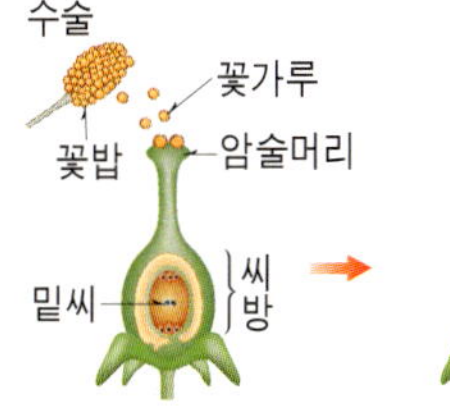

수분과 수정

씨방이 없어 밑씨가 겉으로 보이는 식물이 겉씨식물이야.

꽃이 피는 식물은 밑씨가 어디에 있느냐에 따라 속씨식물과 겉씨식물로 나뉘어. 밑씨가 씨방 속에 있는 것을 **속씨식물**, 씨방이 없어서 밑씨가 밖으로 드러나 있는 것을 **겉씨식물**이라고 해.

소나무는 대표적인 겉씨식물이야. 소나무는 한 나무에서도 암꽃과 수꽃이 따로 있는 단성화야. 소나무의 꽃가루가 바람에 날려 암꽃과 만나면 솔방울이 되는 거야. 이때의 솔방울은 초록색을 띠는데, 다시 1년이 지나야 우리가 알고 있는 갈색의 솔방울이 돼. 솔방울은 2년에 걸쳐 완전히 성숙한 씨앗을 만들어.

소나무를 비롯한 은행나무, 잣나무, 전나무, 소철 등도 겉씨식물이야. 겉씨식물의 꽃은 꽃받침과 꽃잎이 없고, 암꽃과 수꽃이 따로 피는 단성화야. 겉씨식물은 주로 바람에 의해 수정이 이루어져. 하지만 시기와 풍향, 풍속, 습도 등이 모두 적당하지 않으면 수꽃의 꽃가루는 암꽃과 만나기가 어렵다는 단점이 있어.

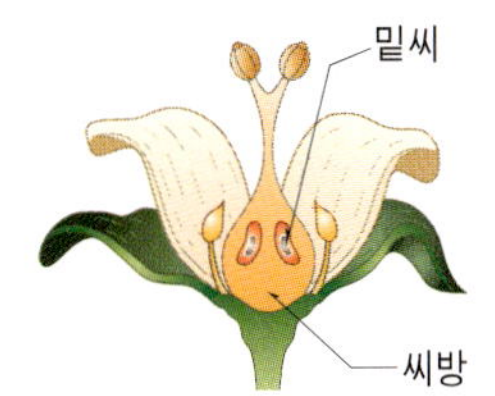

속씨식물의 밑씨　　　겉씨식물의 밑씨

답 : X, O, O

식물이 번식하기 위해서는 반드시 꽃이 있어야 한다(X)

고사리는 매일 밤 잠을 이룰 수가 없었어. 다른 식물 친구들은 꽃을 피우고 열매를 맺는데, 자신은 그렇지 않기 때문이야. 자손을 남기고 싶은데 꽃이 피지 않으니 씨를 맺을 수 없고, 씨가 없으니 자손을 남길 수 없다고 생각했던 거지. 절망에 빠진 고사리는 마음의 병이 깊어져 결국 앓아눕고 말았어.

예전에 똑같은 고민을 했었던 이끼는 고사리가 걱정이 되어 편지를 썼지.

"고사리야, 나도 꽃이 피지 않아. 하지만 우리도 자손을 남길 수 있어……(생략)…… 빨리 기운 내."

고사리가 앓아누운 건 꽃이 있어야만 번식이 가능하다는 오개념을 갖고 있기 때문이야. 정말 그렇다면 어떻게 고사리 자신이 생겨날 수 있었겠어. 이 세상에는 꽃이 없어도 번식하는 식물들이 많아. 그들은 어떻게 번식을 하는지 알아보자.

나의 오개념을 체크해 보자 

모든 식물에는 꽃이 펴. ○ ✕

꽃은 씨를 만들어 번식하기 위한 거야. ○ ✕

식물은 뿌리나 줄기로 번식할 수도 있어. ○ ✕

모든 식물에 꽃이 피는 건 아니야.

우리 주변에는 수많은 종류의 식물들이 있어. 이를 구분하는 방법은 아주 많지만 크게 '꽃이 피는가, 피지 않는가.'로 구분할 수 있어. 꽃이 피는 식물을 꽃식물이라 하고, 꽃이 피지 않는 식물을 민꽃식물이라고 해. 꽃식물은 씨(종자)를 만들어 번식한다고 해서 '종자식물'이라고도 하고, 민꽃식물은 **포자**(홀씨)로 번식한다고 해서 '포자식물'이라고도 하지.

고사리나 솔이끼, 우산이끼 등과 같은 식물들은 포자로 번식을 해. 다 자란 고사리 잎의 뒷면을 보면 갈색의 포자가 들어 있는 주머니를 볼 수 있는데, 이것은 포자낭이야. 포자낭이 터지면 포자가 땅에 떨어져서 고사리로 자라는 거지.

솔이끼와 우산이끼는 암그루와 수그루로 나누어져 있어. 솔이끼와 우산이끼 모두 암그루의 끝에 포자낭이 있고 포자낭 속에 포자가 있어 번식해.

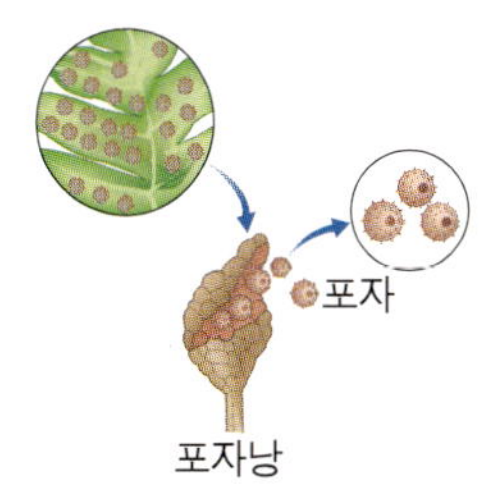

포자낭과 포자

포자(胞子) 고사리 같은 양치류 식물, 이끼류 식물 또는 버섯, 곰팡이 같은 균류가 만들어 내는 생식세포를 말한다.

씨나 포자가 아닌 잎, 뿌리, 줄기로도 번식할 수 있어.

씨나 포자가 아닌 뿌리, 줄기, 잎을 통해서도 자손을 만들 수 있는데, 이런 번식 방법을 영양생식이라고 해. 딸기는 땅바닥을 기는줄기가 뿌리를 내려서 번식해. 기는줄기가 어느 정도 자라면 잎 마디에서 어린 식물이 자라나. 개나리도 가지가 땅에 닿으면 그곳에 뿌리를 내려 번식해. 대나무의 땅속줄기에는 마디마다 눈들이 달려 있는데, 땅속줄기가 옆으로 뻗어나가면서 뿌리와 순이 자라는 거야.

영양생식은 번식의 속도가 빠르다는 장점이 있어. 예를 들어 백합은 씨를 심을 경우에는 7년 정도를 기다려야 꽃이 피는데, 영양생식을 하면 1~2년 뒤에 꽃이 피어.

딸기의 기는줄기

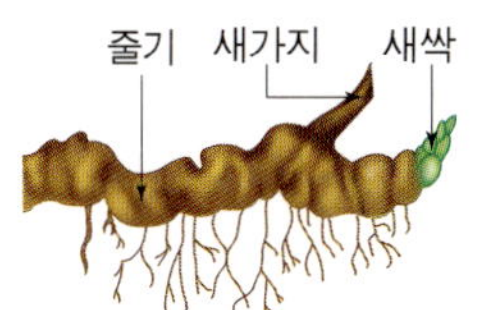

땅속줄기

- 꽃이 피는 식물을 꽃식물, 꽃이 피지 않는 식물을 민꽃식물이라고 한다.
- 꽃식물은 종자로 번식하고, 민꽃식물은 포자로 번식한다.
- 씨나 포자가 아닌 잎, 뿌리, 줄기로도 번식할 수 있다.

답 : X, O, O

6 세균은 모두 몸에 해롭다 (X)

개념이가 정말 좋아하고 즐겨 마시는 요구르트. 오늘도 어김없이 요구르트를 마시며 텔레비전을 보다가 개념이는 깜짝 놀라고 말았어. 요구르트에 유산균이 많이 들어 있다는 거야. 유산균도 세균인데, 여태껏 세균을 마셨다는 생각에 놀라움을 감출 수 없었지. 개념이는 요구르트를 마시라고 권한 엄마에게 괜히 짜증을 내기 시작했어.

"엄마! 세균은 몸에 해로운 거잖아요. 왜 저한테 요구르트를 먹으라고 하신 거예요? 앞으로는 요구르트 절대 안 먹을래요."

개념이 말대로 요구르트에 몸에 해로운 세균이 들어 있다면 사람들은 왜 요구르트를 먹는 것일까? 세균은 나쁘지만, 더 좋은 다른 물질이라도 들어 있는 걸까? 아니면 세균이 들어 있으니까 먹지 말아야 하는 건 아닐까? 세균에 대해 알고 나면 개념이가 어떻게 해야 할지 알 수 있을 거야.

나의 오개념을 체크해 보자 

유산균은 우리 몸에 해로워.	◎	✖
세균과 박테리아는 다른 거야.	◎	✖
사람의 몸에도 세균들이 많이 살고 있어.	◎	✖

사람의 장은 세균의 천국이야.

세균(박테리아)은 흙, 물속, 공기 등과 같은 외부 환경에서도 살지만, 동물의 위나 장에서 살기도 해.

사람의 장에는 약 100조 마리 이상의 세균이 서식하지. 장 속의 세균은 소화를 돕고 장 기능을 활성화시키는 좋은 세균이 대부분이지만, 그렇지 않은 것도 있어.

장에 존재하는 유산균(젖산균)이 생성하는 유산(젖산)은 유해한 균들이 살지 못하는 환경을 만들어 줘. 유해한 균들의 활동을 억제해 주기 때문에 장을 건강하게 지켜주지.

또 사람의 장, 특히 대장에 많이 존재하고 그 종류도 다양한 대장균은 식물의 섬유소를 분해해 주고, 비타민의 합성을 돕는 등의 좋은 역할을 해. 하지만 장에서는 이 세균들이 병을 일으키는 원인이 되지 않지만, 장 이외의 부위로 들어가면 방광염, 복막염 등의 질병을 일으키기도 해.

세균 하나의 세포로 이루어져 있으며 맨눈으로는 볼 수 없는 아주 작은 생물

세균은 생활 속에서도 다양하게 이용되고 있어.

오래전부터 사람들은 유산균을 이용해 요구르트나 치즈와 같은 유제품, 김치나 된장과 같은 발효식품을 만들어 왔어.

또, 쓰레기더미에서 유기물질을 분해하여 비료를 만드는 데 세균을 사용하는 경우도 있어.

1989년 알래스카 해변에서 기름 유출 사고가 났을 때에는 세균을 이용해 기름을 제거하기도 했고, 최근에는 유전공학을 이용하여 세균을 변형시켜 비타민, 항생제, 호르몬 등도 만들어 내고 있어.

대장균의 수와 위생의 관계 음식물에 대장균이 많으면 몸에 해로운 세균도 많을 것이라는 생각으로 대장균 수를 검사하여 음식물의 위생 상태를 판단하지만 대장균 자체가 몸에 해로운 것은 아니다.

아하! 개념

- 세균은 외부 환경뿐만 아니라 생물의 몸에도 살고 있다.
- 장 속에는 인체에 무해한 유산균이 많이 살고 있다.
- 유산균은 장을 건강하게 유지해 주고, 발효식품을 만드는 데 이용된다.

답 : X, X, O

기린의 목뼈는 코끼리의 목뼈보다 수가 많다(X)

신나게 물놀이를 하던 코끼리가 물가에서 물을 먹던 기린에게 물을 튀겼지 뭐야. 그 때문에 코끼리와 기린이 유치하게 외모를 지적하면서 다투고 있어. 기린은 코끼리의 큰 덩치를, 코끼리는 기린의 긴 목에 대해서 말이야. 평소 가느다랗고 긴 목을 뽐내며 자랑스러워했던 기린은 자존심이 상했어.

"요즘은 나처럼 길고 날씬한 목 라인이 대세라고!"

코끼리도 질 수 없었어.

"흥! 나도 다이어트 하면 날씬한 목 라인을 가질 수 있거든!"

기린은 비웃으며 말했어.

"넌 근본적으로 불가능해. 나처럼 뼈가 많아야 예쁜 목 라인이 생기는 거라고."

"무슨 소리! 너나 나나 목뼈 수는 같다고!"

도대체 코끼리와 기린 중 누구의 말이 맞는 걸까?

나의 오개념을 체크해 보자 

목뼈의 수가 많으면 목이 길어.   ○ ✕

기린은 자라면서 목뼈 수가 늘어나.   ○ ✕

기린의 목뼈 수와 코끼리의 목뼈 수는 같아.   ○ ✕

기린과 같은 포유류는 목뼈가 7개야.

생김새가 다른 수많은 동물들을 공통적인 특징으로 묶을 수 있어. 과학자들은 그 기준을 정해서 동물들을 체계적으로 분류했지.

코끼리나 기린처럼 등뼈가 있는 동물들 중에서 대부분 온몸이 털로 덮여 있고, 새끼를 낳아 젖을 먹여 기르는 동물의 무리를 '포유류'라고 이름 붙였어. 사람도 포유류에 속해.

포유류에 속하는 동물들은 목의 길이는 모두 다르지만 목뼈의 수는 7개로 모두 같아. 아주 덩치가 큰 코끼리나 곰부터 강아지나 고양이, 덩치가 아주 작은 쥐까지도 목뼈의 수는 모두 7개인 거지.

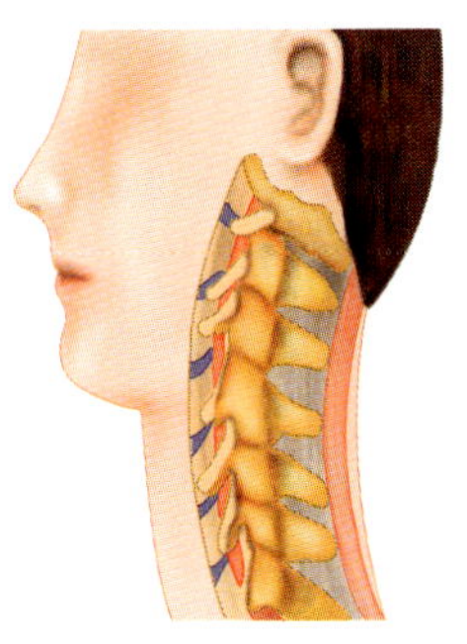

사람의 목뼈

기린은 목뼈 하나하나의 크기가 큰 것뿐이야.

긴 다리와 긴 목을 가진 기린은 포유류 가운데 키가 가장 커. 기린은 긴 목을 가지고 있어서 높은 곳에 있는 나뭇잎을 뜯어 먹기 쉽고, 멀리까지 내다볼 수 있어서 적의 공격도 알아챌 수 있어.

기린의 목은 그 길이에도 불구하고 다른 포유류 동물들과 동일하게 7개의 목뼈로 이루어져 있어. 기린의 목이 긴 것은 다른 동물들의 목뼈에 비해 목뼈 하나하나의 크기가 크기 때문이야.

그런데 어떻게 해서 7개의 목뼈로 긴 목을 꼿꼿하게 유지할 수 있을까? 목의 가장 아랫부분에는 돌기가 있는데 어깨 위에서 위쪽으로 솟아 혹을 만들어. 이 돌기가 뼈를 지탱해 주는 역할을 하는 근육을 고정하여 목을 꼿꼿하게 유지해주는 거야.

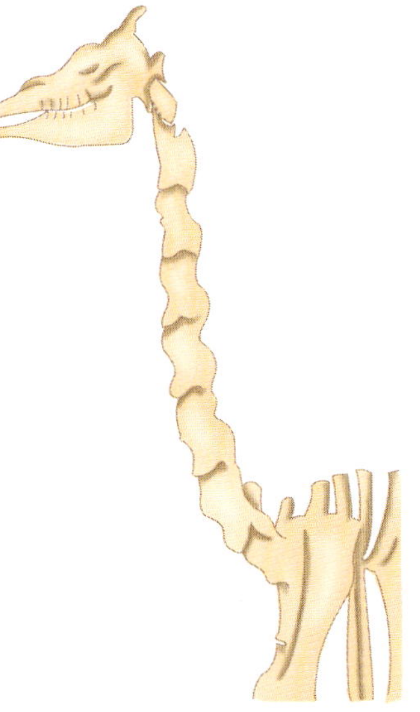

기린의 목뼈

아하! 개념

- 기린과 코끼리의 목뼈 수는 같다.
- 포유류는 목뼈가 7개다.
- 기린의 목이 긴 것은 목뼈 하나의 크기가 다른 동물에 비해 크기 때문이다.

답 : X, X, O

동맥은 깨끗한 피, 정맥은 더러운 피가 흐른다(X)

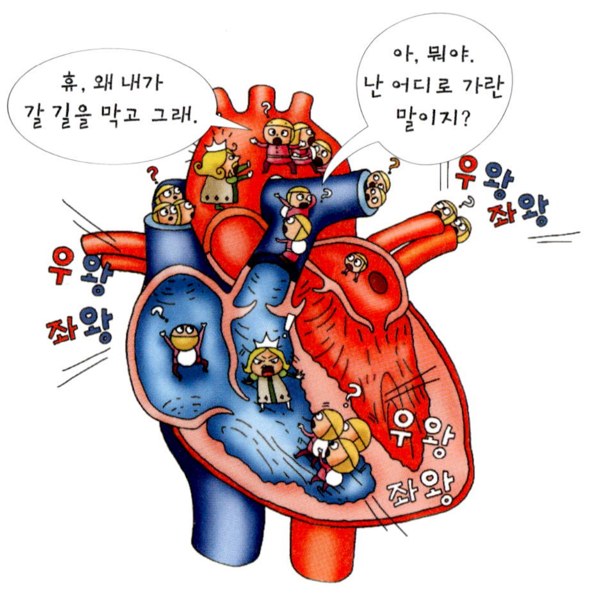

심장이라는 성은 좌심방, 좌심실, 우심방, 우심실이라는 4개의 방으로 나뉘어 있어. 혈액이 들어오는 곳을 심방이라고 하고 혈액이 나가는 곳을 심실이라고 하지. 왼쪽에 있는 심방과 심실을 좌심방과 좌심실, 오른쪽에 있는 심방과 심실을 우심방과 우심실이라고 불러. 이 4개의 방에는 심장 밖과 통하는 혈관인 동맥과 정맥이 연결되어 있어. 혈액들은 일정한 규칙에 따라 정해진 혈관을 통해 성을 드나들었지.

그러던 어느 날 심장 나라를 다스리는 성주가 새로 왔어. 새 성주는 부임하자마자 "동맥에는 산소가 많이 들어 있는 깨끗한 피만, 정맥에는 이산화탄소가 많이 들어 있는 더러운 피만 드나들도록 하라."는 명령을 내렸어. 그런데 이 명령으로 인해 혈액들은 대혼란에 빠지고 말았어. 새 성주의 명령이 잘못되었기 때문이야. 새 성주는 혈액의 순환을 제대로 알지 못했던 게 분명해. 혈액의 순환을 이해하고 나면 자신이 얼마나 큰 잘못을 저질렀는지 알게 될 거야.

나의 오개념을 체크해 보자 

심장에서 나가는 혈액을 운반하는 혈관을 동맥이라고 해.   ◎ ✖

모든 동맥에는 산소가 많이 들어 있는 피가 흘러.   ◎ ✖

심장에서 나가는 길은 동맥, 심장으로 들어오는 길은 정맥이야.

혈관은 동맥, 정맥, 모세혈관으로 이루어져 있어. 심장을 기준으로 했을 때, 심장에서 나가는 혈액이 흐르는 혈관을 동맥, 온몸을 순환한 후 심장으로 들어오는 혈액이 흐르는 혈관을 정맥이라고 불러. 모세혈관은 아주 작은 혈관으로 동맥과 정맥을 연결해 주지.

폐동맥보다 폐정맥에 산소가 더 많은 피가 흘러.

우리 몸 대부분의 동맥에는 산소가 많은 피가, 정맥에는 이산화탄소가 많은 피가 흘러. 하지만 심장과 폐를 연결하고 있는 폐동맥과 폐정맥은 예외야. 혈액 속 산소와 이산화탄소의 공급이 어디에서 이루어지는지 알면 그 이유를 알게 될 거야.

우리 몸을 한 바퀴 돌고 난 혈액에는 이산화탄소가 많이 들어 있어. 이 혈액은 대정맥을 통해 심장(우심방)으로 들어오지.

그 후 우심실을 거쳐 폐로 보내지는데, 이때 심장에서 폐로 연결된 혈관을 폐동맥이라고 해. 혈액은 폐에서 새로운 산소를 공급받아.

따라서 폐동맥을 흐른다고 해도 그 혈액에는 이산화탄소가 더 많은 거지.

마침내 폐를 거친 혈액은 산소를 가득 실은 채 폐정맥을 통해 다시 심장으로 들어오게 돼. 그리고 심장의 강한 펌프질을 통해서 몸 전체로 흐르게 되는 거야.

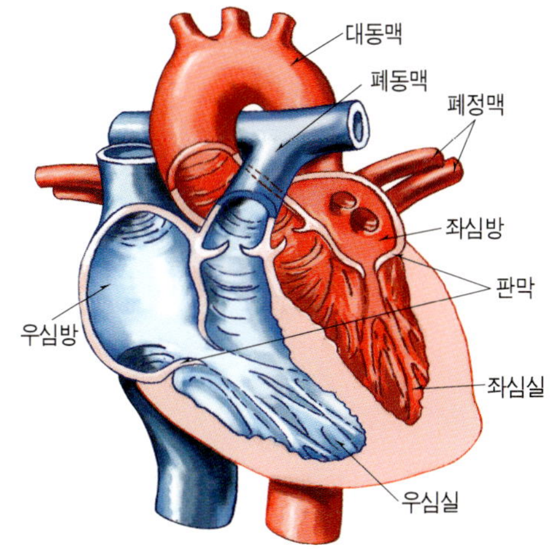

심장의 생김새

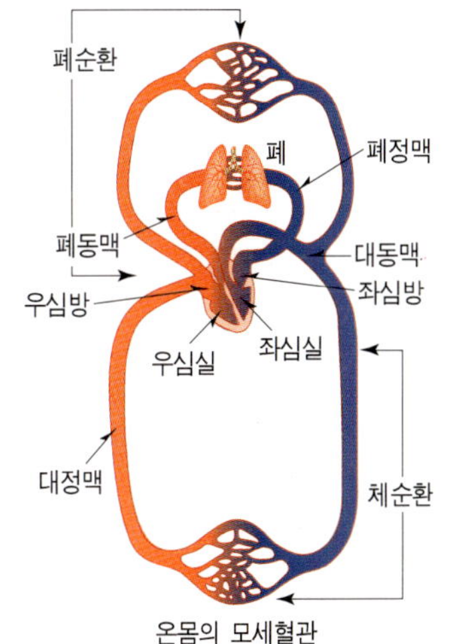

혈액의 순환 과정

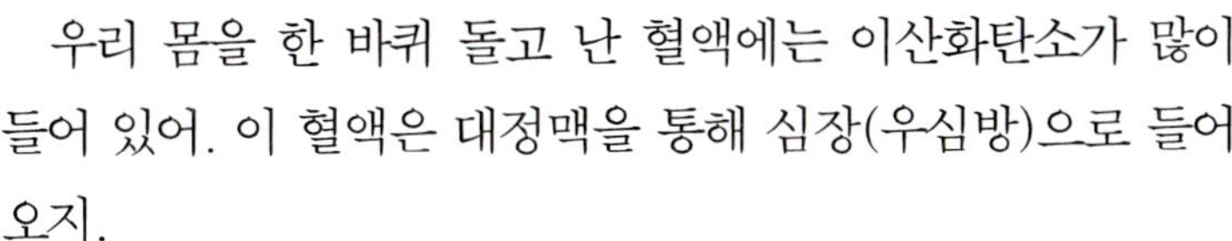

아하! 개념

- 심장에서 나가는 혈액을 운반하는 혈관을 동맥, 심장으로 들어오는 혈액을 운반하는 혈관을 정맥이라고 한다.
- 폐동맥에는 이산화탄소가 많이 들어 있는 혈액이, 폐정맥에는 산소가 많이 들어 있는 혈액이 흐른다.

답 : O, X

짝짓기를 해야 알이나 새끼를 낳을 수 있다(X)

"안녕하세요. 저는 '특종! 놀라운 생물' 의 오개념 기자입니다. 요즘 많은 동물들이 사랑하는 짝을 찾아 짝짓기를 하고 알이나 새끼들을 낳고 있습니다. 그런데 수컷 없이도 알이나 새끼를 낳는 동물들이 있다는 제보를 받고 이 자리에 나왔습니다. 먼저 연어를 만나보겠습니다."

"암컷과 수컷이 만나야만 알을 낳는 건 아니에요. 제가 먼저 알을 낳으면 수컷이 그 위에 정액을 뿌려서 수정을 하거든요."

"아, 이런 방법도 있다니 놀랍습니다. 다음은 히드라를 만나보겠습니다."

"저는 혼자서도 새끼를 낳을 수 있어요."

"알이나 새끼를 낳기 위해서는 수컷이 꼭 있어야 한다고 생각했었는데, 도저히 믿을 수가 없군요. 정말로 이런 일이 일어날 수 있는지 알아볼까요?"

나의 오개념을 체크해 보자 

연어는 암컷이 알을 낳은 후 수정이 이루어져.　　◎ ✖

암컷 개구리는 수정란을 낳아.　　◎ ✖

히드라는 짝짓기 없이 새끼를 낳을 수 있어.　　◎ ✖

몸 밖에서 수정이 이루어지기도 해.

사람, 새, 개와 같은 육지에 사는 생물은 수컷의 정자를 암컷의 몸 안으로 들여보내는 체내**수정**을 해. 하지만 수중생활을 하는 대부분의 동물은 물속에서 정자와 난자를 내보내는 체외수정을 해.

체내수정을 하는 동물은 알이나 새끼를 낳기 전에 암수의 짝짓기가 이루어져야 하지만, 체외수정을 하는 동물은 그럴 필요가 없어.

개구리는 알을 낳는 장소에서 수컷과 암컷이 만나. 그리고 암컷이 알을 낳기 시작하면, 수컷이 암컷의 **배설공**에서 나오는 알 뭉치에 달라붙어 정자를 내보내. 그러면 수정이 이루어지게 돼.

어류의 대부분은 오른쪽 그림과 같이 암컷이 수백만 개의 알을 낳으면 수컷이 알 위에 정액을 뿌리는 체외수정을 해. 하지만 상어와 같이 체내수정을 하는 것도 있어.

수정 암수의 생식 세포가 서로 하나로 합치는 현상. 동물은 수컷의 정자를 암컷의 난자가 받아들여 새로운 개체를 이룬다.

배설공 항문과 비슷한 역할을 하는 곳

혼자서도 자손을 만들어 내기도 해.

히드라는 몸의 옆면이 부풀어오른 후 그것이 늘어나면서 몸의 일부가 다시 생겨. 이 부분이 어미의 모습과 비슷해지면 아래쪽이 잘려 나가지. 이렇게 잘려나간 자식 히드라는 다시 몸이 커져서 큰 히드라로 성장하게 돼.

이와 같이 암컷의 난자와 수컷의 정자가 만나지 않고 한 개체가 단독으로 새로운 **개체**를 형성하는 것을 무성**생식**이라고 해. 무성생식은 반드시 짝이 있어야 하는 유성생식에 비해 자손을 빨리 만들어낼 수 있다는 장점이 있지. 하지만 새끼와 어미의 **유전자**가 같기 때문에 환경 변화에 적응하지 못하면 모두 위험에 빠질 수 있다는 단점이 있어.

히드라의 번식

개체 독립된 각각의 생물체

생식 생물이 자기와 닮은 개체를 만들어 종족을 유지하는 현상

유전자 부모가 자식에게 특성을 물려주는 유전정보의 단위

아하! 개념

- 수중생활을 하는 대부분의 동물은 정자와 난자를 내보내어 몸 밖에서 수정이 이루어지는 체외수정을 한다.
- 암컷의 난자와 수컷의 정자가 만나지 않고 단독으로 새로운 개체를 형성하는 것을 무성생식이라고 한다.

답 : O, X, O

들숨에는 대부분 산소, 날숨에는 대부분 이산화탄소가 들어 있다(X)

개념이는 친구들과 함께 바닷가로 놀러갔어. 신나게 수영을 하고 노는데 갑자기 파도가 거세져 개념이가 휩쓸려 가고 말았지. 다행히 안전요원에게 구조되었고, 안전요원은 개념이에게 인공호흡을 시도했어. 그 순간 궁금이는 안전요원의 입을 막으며 말했어.

"아저씨가 인공호흡을 하면 이산화탄소만 폐로 들어가잖아요. 지금 개념이에게는 산소가 필요하다고요."

"어이구. 날숨이라고 해서 이산화탄소만 들어 있는 게 아니야." 안전요원은 궁금이의 손을 뿌리치고 재빨리 인공호흡을 했고, 다행히 개념이는 의식을 차릴 수 있었어.

궁금이가 안전요원의 입을 막은 것은 들숨과 날숨의 성분에 대한 오개념 때문이야. 지금부터 들숨과 날숨이 어떤 기체로 이루어졌는지 알아보자.

나의 오개념을 체크해 보자 

들숨은 들이쉬는 숨, 날숨은 내쉬는 숨이야.　　　　　　　◎ ✖

들숨에는 이산화탄소에 비해 산소가 많아.　　　　　　　　◎ ✖

날숨에는 산소에 비해 이산화탄소가 많아.　　　　　　　　◎ ✖

들숨과 날숨의 대부분은 질소가 차지해.

공기 중에는 약 79%의 질소, 약 21%의 산소, 약 0.03%의 이산화탄소가 함유되어 있어. 사람이 호흡을 하는 것은 산소를 얻기 위해서야. 하지만 호흡을 할 때 산소만을 골라서 빨아들일 수 없기 때문에 공기 자체를 들이쉬게 돼. 그래서 들숨에는 공기와 같이 약 79%의 질소, 약 21%의 산소, 약 0.03%의 이산화탄소가 들어 있는 거지.

들이쉰 공기 중의 질소는 몸에 흡수되지 않고 다시 몸 밖으로 배출돼. 폐에서 산소와 이산화탄소의 교환이 이루어진 후 나오는 날숨에는 약 79%의 질소, 약 17%의 산소, 약 4%의 이산화탄소가 들어 있어.

들숨과 날숨 모두 질소가 가장 많은 부분을 차지하고, 산소가 이산화탄소에 비해 더 많은 부분을 차지해. 다만 들숨은 날숨에 비해 산소가 많고, 이산화탄소가 적으며, 날숨은 들숨에 비해 산소가 적고, 이산화탄소가 많은 거지. 그래서 호흡을 할 때 산소를 받아들이고 이산화탄소를 내보낸다고 하는 거야.

가로막과 갈비뼈가 숨 쉬는 것을 도와줘.

숨을 들이마시면 갈비뼈는 올라가고 **가로막**은 내려가서 가슴 속의 빈 공간(흉강)이 커지게 돼. 그러면 폐 안의 압력이 바깥의 압력보다 더 낮아져서 공기가 **폐포**로 들어오게 되지. 공기는 압력이 높은 곳에서 낮은 곳으로 흐르기 때문이야.

들이마신 공기에 들어 있는 산소는 폐포를 둘러싸고 있는 모세혈관으로 들어가. 반대로 이산화탄소는 모세혈관에서 폐포로 들어오게 돼. 이때 숨을 내쉬면 갈비뼈는 내려가고 가로막이 올라가 흉강이 작아져. 그러면 폐 안의 압력이 바깥의 압력보다 커져서 공기가 콧구멍으로 나가게 되는 거야.

가로막(횡격막) 사람의 가슴과 배 사이에 있는 막

폐포(허파꽈리) 허파를 이루는 포도송이 모양의 기관. 모세혈관에 그물처럼 싸여 있어 산소와 이산화탄소의 교환이 일어난다.

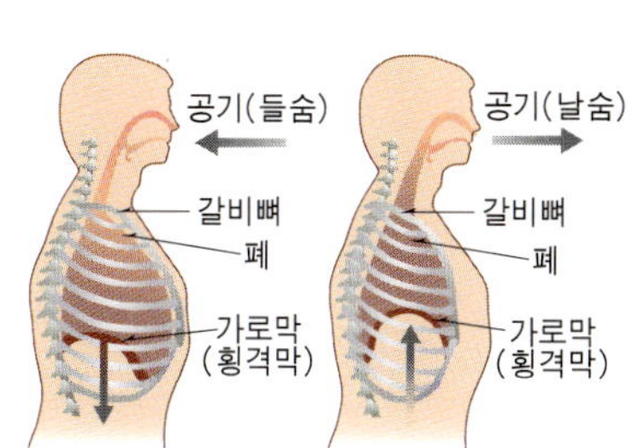

아하! 개념

- 숨을 들이쉴 때 산소만을 빨아들이지 못하고 공기 자체를 들이쉰다.
- 들숨과 날숨의 대부분은 질소가 차지한다.
- 들숨은 날숨에 비해 산소가 많고, 이산화탄소가 적으며, 날숨은 들숨에 비해 산소가 적고, 이산화탄소가 많다.

답 : O, O, X

호흡은 폐에서만 이루어진다 (X)

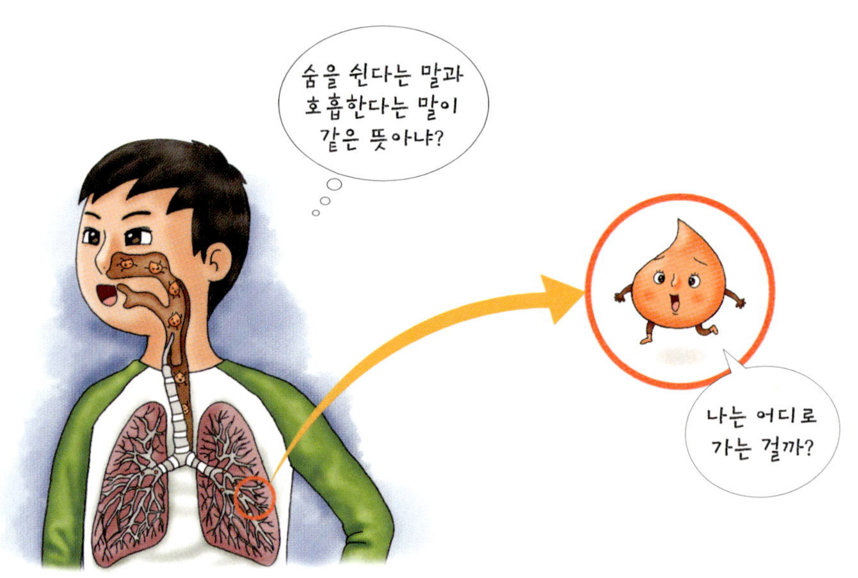

나는 공기 중에 있는 산소야. 저길 봐. 난 어디로 가는지, 왜 가고 있는지도 모른 채 이동하고 있어. 이제부터 그 사연을 이야기해 보려고 해.

어느 날 개념이가 운동장에서 오래달리기를 하고 있었어. 오래달리기를 끝낸 개념이가 거친 숨을 내쉰 후 숨을 깊이 들이마시는 순간, 나는 다른 기체들과 함께 개념이의 콧속으로 빨려 들어왔어. 그리고 코로 들어와 기도와 기관지를 거쳐서 폐로 들어왔지.

이후 폐에서 밖으로 나가는 줄 알았는데 갑자기 모세혈관 속의 혈액에서 나온 이산화탄소가 내 자리를 차지하더니 나를 혈액으로 밀어 넣는 거야.

휴, 지금 난 혈액에 실려 어디론가 가고 있어. 난 어디로 가는 걸까? 왜 날 다른 곳으로 데려가는지 누가 내게 설명 좀 해줘.

나의 오개념을 체크해 보자 

숨을 쉴 때 산소를 받아들이고, 이산화탄소를 내보내.   ◎ ✘

받아들인 산소는 폐까지만 들어왔다가 다시 몸 밖으로 나가.   ◎ ✘

호흡은 기체 교환을 통해 에너지를 만드는 것을 말해.

우리는 흔히 숨쉬는 것만 호흡이라고 생각해. 산소를 받아들이고 이산화탄소를 내보내는 것이라고 간단하게 생각하지. 그렇다면 왜 호흡을 하는 것일까? 생물들은 산소를 받아들이고 이산화탄소를 내보내는 기체 교환을 통해 생활에 필요한 에너지를 만들어. 즉, 생물체의 기능을 유지하기 위해 호흡을 한다고 할 수 있지.

호흡은 우리 몸속 곳곳에서 이루어져.

호흡은 외호흡과 내호흡으로 구분해.

외호흡은 수많은 폐포로 이루어진 폐와 그를 둘러싼 모세혈관 사이에서 산소와 이산화탄소의 기체 교환이 일어나는 것을 말해. 우리가 일반적으로 코나 입으로 숨을 들이마시고 내쉬는 것이지.

하지만 호흡은 여기서 끝나지 않아. 혈액 속의 적혈구에 의해 폐(폐포)에서 받아들인 산소는 몸속 곳곳에서 활동하고 있는 세포로 운반돼. 그러면 세포 내에서는 산소를 이용하여 **포도당**과 같은 영양분을 분해시키지. 이때 세포 내 모든 활동에 필요한 에너지가 생성되는 거야. 바로 이것을 내호흡이라고 해. 여기에서 생성된 이산화탄소는 혈액을 통해 폐로 보내지고, 폐에서 기체 교환이 이루어지면서 몸 밖으로 나가게 되는 거야.

> **포도당** 탄수화물 대사의 중심적 화합물로 에너지를 생산하여 발효, 호흡에 사용되며 식물에서는 녹말로 저장된다.

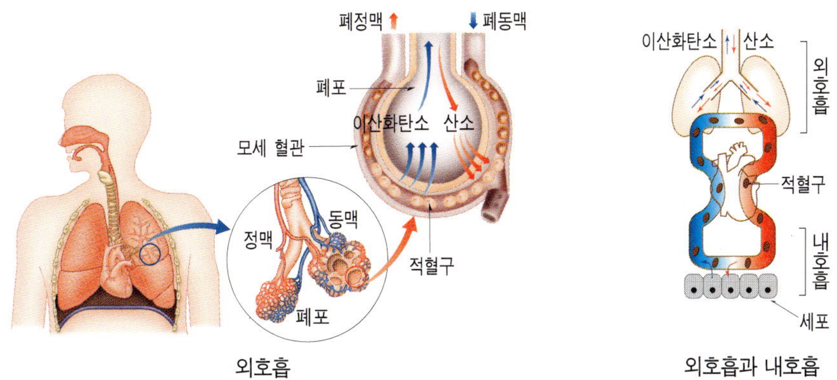

답 : O, X

12 모든 모기는 피를 빨아 먹는다(X)

어느 화창한 오후, 꽃밭에서 축제가 열렸어. 벌과 나비 등이 이 꽃 저 꽃의 꿀을 시식하면서 꽃들과 함께 즐기는 축제지. 파티에 초대 받은 벌과 나비들은 꿀도 먹고, 예쁜 꽃들도 감상하면서 춤도 추는 등 즐거운 시간을 보내고 있었어.

그런데 갑자기 한 무리의 모기떼가 윙윙거리며 꽃밭으로 들어왔어. 낯선 무리의 등장에 벌과 나비들은 춤추는 것을 멈추고 못마땅한 표정을 지었지. 꽃들도 모기가 꿀을 먹으려고 하자 소스라치게 놀라며 싫어했어. 피를 먹고 사는 모기는 귀한 꿀을 먹을 자격이 안 된다고 생각했거든.

그런데 왜 모기는 꿀을 먹으려고 했을까? 꽃과 나비들의 축제를 방해하기 위해서였을까? 모기는 무엇을 먹고 사는지, 어떤 동물인지 알아보자. 그러면 벌과 나비, 그리고 꽃들의 오해를 풀 수 있을 거야.

나의 오개념을 체크해 보자 

암컷 모기와 수컷 모기는 모두 피를 먹어. ◎ ✖

모기는 나무의 수액이나 꿀을 먹기도 해. ◎ ✖

모기의 암컷이 알을 낳을 때에만 피를 빨아 먹어.

모기는 피를 빨아 먹는 해충으로 알려져 있어. 하지만 피만 먹고 살지는 않아. 꿀이나 나무의 수액을 빨아 먹으면서 살아가지. 꿀을 찾아다니면서 다른 곤충들과 마찬가지로 꽃가루를 암술머리에 옮겨 주기도 해.

그럼 왜 피를 먹는 걸까? 모기의 암컷은 산란기(알을 낳는 시기)가 되면 알을 낳기 위해 동물의 피를 빨아 먹어. 모기의 뱃속에 있는 알에게 동물성 단백질을 공급해 주기 위해서야. 동물의 피 속에 있는 **단백질**은 모기의 알을 발육시키는 데 좋은 양분이 되기 때문이지.

모기의 암컷은 흡혈을 한 후 4~7일 만에 알을 낳기 시작해. 일반적으로 1회에 100~150개 정도의 알을 낳지.

단백질 생물체의 몸을 구성하고 에너지 대사에 참여하는 대표적 분자이다. 단백질을 분해하면 암모니아와 아미노산이 생성된다.

모기는 후각이 가장 발달했어.

모기는 시각, 이산화탄소, 체취, 체온, 몸의 습도 등을 통해 흡혈 대상을 찾아.

모기는 시각으로 1~2m 정도 떨어진 곳까지 감지할 수 있어. 사람이나 동물들이 호흡을 하며 내뿜는 이산화탄소로는 10~20m까지도 감지할 수 있지.

또, 땀과 함께 피부 표면으로 배출되는 노폐물인 **젖산**이나 **아미노산**, **암모니아** 냄새는 더 먼 곳에서도 감지할 수 있다고 하니 정말 놀랍지?

따라서 제대로 씻지 않고 자거나 땀을 많이 흘린 사람이 모기의 공격 대상이 되기 쉬운 거야. 모기에게 식사를 제공하지 않으려면 이 점을 반드시 기억해.

젖산 상한 우유 속에서 처음 발견되었으며 동물의 근육이나 핏속에도 있다. 장의 기능을 좋게 하는 역할을 한다.

아미노산 모든 생명 현상에 대한 일을 맡는 단백질의 기본 구성단위

암모니아 고약한 냄새가 나고 약염기성을 띠는 질소와 수소의 혼합물. 독성을 갖고 있으므로 몸 밖으로 배출해야 한다.

아하! 개념

- 모기는 꿀이나 나무의 수액을 먹으며 산다.
- 암컷 모기는 산란기에만 알을 낳기 위해 사람이나 동물의 피를 빨아 먹는다.

답 : X, O

음식은 위에서 모두 소화된다(X)

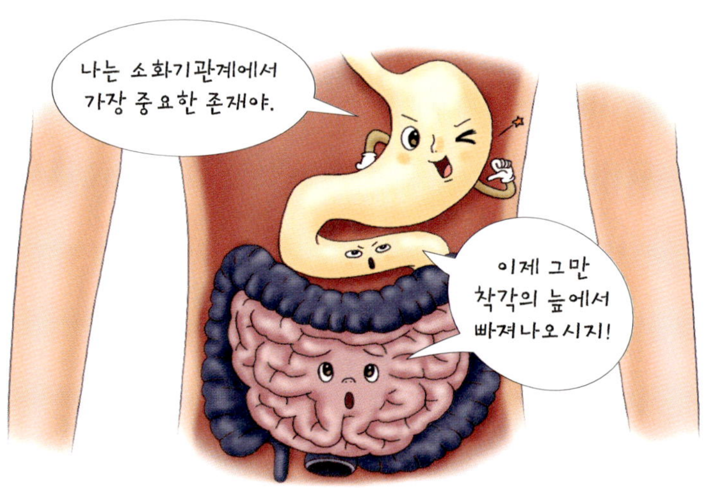

몸속의 위는 항상 자부심을 갖고 살았어. 자신만이 입에서 내려온 음식물을 완벽하게 소화시킬 수 있다고 믿었거든.

"나는 소화기관계에서 가장 중요한 존재야. 내 안에서 모든 음식물이 소화되지." 위가 잘난 척을 하며 말하자, 그 아래에 있던 십이지장이 한마디 했어.

"하하. 그건 너만의 착각이야! 넌 음식물의 일부만 소화시킬 뿐이야. 네가 내려 보낸 음식을 내가 더 잘게 부순다고." 그러자 작은창자도 거들었어.

"맞아, 위 너는 영양소를 흡수하지도 못하잖아. 난 음식물을 잘게 부수고 이동시키면서 흡수까지 한다고."

그 순간 위는 자신이 소화에 대해 모르는 게 많다는 것을 알았어. 십이지장이나 작은창자의 말이 무슨 뜻인지 도무지 알 수 없었거든. 지금부터 우리가 먹은 음식물이 어떤 소화 여행을 하는지 따라가 보자.

나의 오개념을 체크해 보자 

위액은 모든 음식물을 분해해.　　　　　　　　　　　◎ ✕

영양소는 위에서 흡수돼.　　　　　　　　　　　　　◎ ✕

소화되고 남은 음식물 찌꺼기는 대변으로 배출돼.　　◎ ✕

오개념 탈출 소화의 과정

소화에는 기계적 소화와 화학적 소화가 있어.

음식물에 들어 있는 **영양소**가 우리 몸에 흡수되기 쉽도록 잘게 분해하는 과정을 소화라고 해. 소화의 방법에는 두 가지가 있어. 음식을 잘게 부수고 이동시켜 소화액과 잘 섞이게 하는 '기계적 소화'와, 소화액을 사용하여 음식을 잘게 분해하는 '화학적 소화'야.

> **영양소** 생물체를 구성하며 생명활동에 필요한 물질. 지방, 단백질, 탄수화물, 무기염류, 비타민 등을 가리킨다.

위에서는 단백질만 분해돼.

우리가 먹는 음식은 가장 먼저 입 안에서 소화가 진행돼. 이로 음식물을 씹어 잘게 부수고, 침으로 탄수화물을 분해하지.

음식물은 입에서 식도를 거쳐 위에 도착해. 위에서는 위액이 분비되어 단백질을 분해하지. 위를 지난 음식물은 십이지장으로 들어가게 돼.

십이지장에는 쓸개즙과 이자액이 기다리고 있어. 간에서 만들어져 쓸개에 보관된 쓸개즙은 지방의 분해를 도와주고, 이자액은 탄수화물, 지방, 단백질을 모두 분해해. 그럼 소화가 끝나느냐고? 아니, 천만에! 이렇게 십이지장을 지난 음식물들은 작은창자로 내려가게 돼.

작은창자는 매우 길고 가는 관인데, 이 속의 장액이 마지막으로 탄수화물과 단백질을 분해해. 모두 분해된 영양소들은 작은창자에 흡수되지. 작은창자 안은 주름이 많은데, 이 주름에는 융털이라는 작은 털이 나 있어. 융털은 음식물과 닿는 면적을 넓게 해서 영양소를 빨리 흡수할 수 있도록 해주지.

작은창자를 지난 음식물은 마지막으로 큰창자를 지나고, 이때 물이 빠져나가. 소화 흡수되고 남은 찌꺼기는 대변의 형태로 항문을 통해 배출됨으로써 소화 과정이 끝나게 돼. 이렇게 소화는 많은 기관들이 협동해서 이루어지는 거라고.

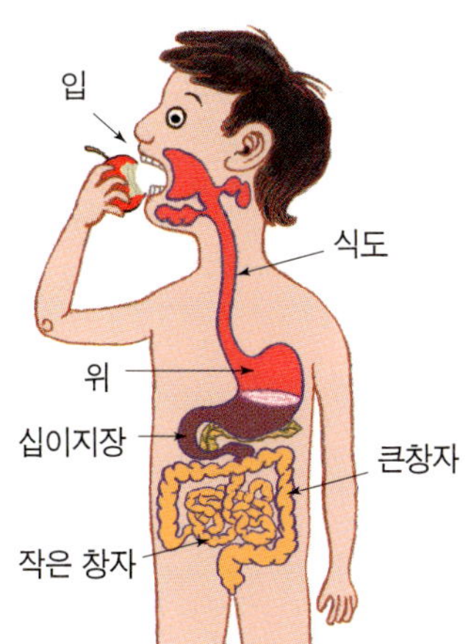

아하! 개념

- 음식물에 들어 있는 영양소를 몸에 흡수하기 쉽도록 잘게 분해하는 과정을 소화라고 한다.
- 음식물은 입 → 식도 → 위 → 십이지장 → 작은창자 → 큰창자 순으로 이동하며 분해된다.
- 소화는 많은 기관들에 의해 이루어진다.

답 : X, X, O

14 생물이 죽으면 썩어서 없어진다(X)

백구는 아주 어린 시절부터 느티나무와 함께 지내왔어. 백구와 느티나무는 서로 의지하며 사이좋게 지냈지. 그러던 어느 날부터 백구는 시름시름 앓기 시작했어.

"내가 죽으면 내 몸은 썩어서 모두 없어져 버리고 말겠지. 네가 보고 싶을 거야." 백구는 느티나무에게 말했어.

"백구야, 네 몸은 없어지지 않아. 죽은 후에도 넌 내 안에 있게 될 거야." 느티나무는 백구를 달래며 말했지.

"정말? 어떻게 그런 일이 일어나는 거야? 그렇게 된다면 난 기쁜 마음으로 죽을 수 있을 것 같아."

느티나무는 백구의 죽음 이후의 과정을 설명해 주었어. 백구의 얼굴에는 미소가 번졌지.

백구와 같은 동식물이 죽으면 그 사체들은 어떻게 되는 걸까?

나의 오개념을 체크해 보자 

동물과 식물이 죽으면 세균에 의해 썩게 돼.

낙엽은 썩어서 모두 없어져.

분해자는 동식물의 사체를 분해해서 없어지게 해.

썩는다는 것은 유기물을 무기물로 바꾸는 것이야.

식물이나 동물의 사체는 시간이 흐르면 썩어서 눈에 보이지 않게 돼. 이것을 보고 썩으면 없어진다고 생각하기 쉬워. 하지만 동식물의 사체는 썩어서 없어지는 것이 아니라 아주 작은 물질로 분해되어 우리 눈에 보이지 않게 되는 거야.

동식물의 몸은 **유기물**로 구성되어 있어. 동식물이 죽게 되면 세균 등과 같은 분해자에 의해 분해되어 **무기물**로 바뀌게 되지. 이 무기물은 물, 토양, 공기와 같은 환경으로 돌아가서 식물이 자라는 데 필요한 무기 양분이 되는 거야. 이때 세균이나 곰팡이 등의 분해자는 유기물을 좀 더 작은 단위의 무기물로 쪼갬으로써 자신이 살아가는 데 필요한 에너지를 얻지.

즉, 썩는다는 것은 유기물을 무기물로 바꿔서 토양, 흙, 물과 같은 환경으로 돌려보내는 것을 말해.

유기물 생물체의 구성성분을 이루는 화합물, 또는 생물에 의하여 만들어지는 화합물

무기물 물, 공기, 광물 등과 같이 생활 기능이 없는 물질이나 이들 물질로 만든 물질

물질은 사라지지 않고 순환되는 거야.

식물은 물, 공기, 토양 등의 환경 요소에 들어 있는 무기물을 가지고 유기물을 만들어. 광합성을 통해서 말이야. 그런 식물을 초식동물이 먹고 살아가고, 이 초식동물을 사람이나 육식동물이 먹으며 살아가면서 복합적인 유기물을 만드는 거지. 그러다 식물이나 동물이 죽으면 생물의 몸을 구성하던 유기물은 분해자에 의해 다시 무기물로 분해되어 환경으로 되돌아가게 돼.

이처럼 물질은 생태계에서 사라지지 않고 끊임없이 순환되고 있어.

생물의 순환

아하! 개념

- 동식물의 사체는 세균 등과 같은 분해자에 의해 분해되어 무기물로 바뀐다.
- 세균이나 곰팡이 등의 분해자는 유기물을 좀 더 작은 단위의 무기물로 쪼갬으로써 자신이 살아가는 데 필요한 에너지를 얻는다.
- 생태계에서 물질은 사라지지 않고 끊임없이 순환한다.

답 : O, X, X

오개념 2

1 꽃이 피는 식물을 충매화, 풍매화, 수매화, 조매화 등으로 구분하는 기준은 무엇이며, 민들레가 충매화인 이유를 쓰시오.

오개념 3

2 사막의 대표 식물인 선인장의 가시는 원래 잎이었습니다. 선인장의 잎이 가시로 변한 이유를 바르게 설명한 것은 어느 것입니까? ( )

① 물을 잘 흡수하기 위해
② 아름다운 꽃을 피우기 위해
③ 재빨리 싹을 틔우고 씨앗을 남기기 위해
④ 햇빛을 집중적으로 받아 양분을 많이 만들기 위해
⑤ 잎이 넓으면 수분이 많이 증발해서 오래 견딜 수 없기 때문에

[3~4] 다음은 식물을 분류한 표입니다. 다음 물음에 알맞은 말을 쓰시오.

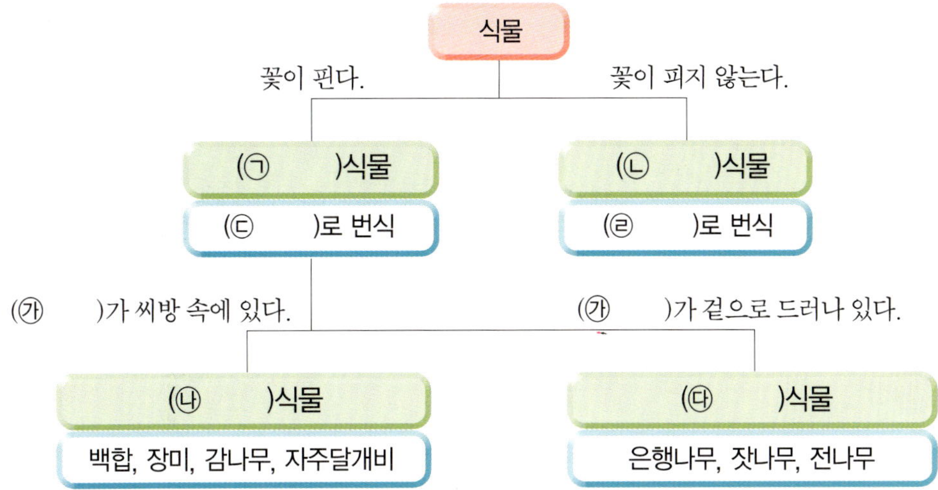

오개념 5

3 식물을 꽃이 피느냐 피지 않느냐로 분류하였을 때 ㉠~㉣안에 알맞은 말을 쓰시오.

㉠ (   ), ㉡ (   )
㉢ (   ), ㉣ (   )

오개념 4

4 꽃이 피는 식물을 분류하는 기준(㉮)을 쓰고, 그 기준에 따라 분류된 식물(㉯, ㉰)을 무엇이라고 하는지 쓰시오.

㉮ (   )
㉯ (   )
㉰ (   )

오개념 6

5 다음에서 설명하고 있는 이것은 무엇인지 쓰시오.　　　　(　　　　　　　　)

> · 이것은 장에 살고 있다.
> · 이것이 생성하는 유산은 유해한 균들의 활동을 억제해 장을 건강하게 지켜준다.
> · 이것을 이용해 요구르트나 치즈와 같은 유제품, 김치와 같은 발효식품을 만든다.

오개념 8

6 다음 중 우리 몸의 순환 기관에 대한 설명으로 옳지 <u>않은</u> 것은 어느 것입니까?
　　　　　　　　　　　　　　　　　　　　　　　　　　(　　　)

① 혈관은 동맥, 정맥, 모세혈관으로 이루어져 있다.
② 심장에서 나가는 혈액을 운반하는 혈관을 동맥이라고 한다.
③ 심장으로 들어오는 혈액을 운반하는 혈관을 정맥이라고 한다.
④ 폐동맥에는 산소가 많이 들어 있는 혈액이, 폐정맥에는 이산화탄소가 많이 들어 있는 혈액이 흐른다.
⑤ 심장에서 폐로 혈액을 운반하는 혈관을 폐동맥, 폐에서 심장으로 혈액을 운반하는 혈액을 폐정맥이라고 한다.

오개념 9

7 다음 빈 칸에 들어갈 알맞은 말을 쓰시오.

> 강아지나 고양이처럼 수컷이 정자를 암컷의 몸 안으로 들여보내 암컷의 몸 안에서 수정이 이뤄지는 것을 (　　ㄱ　　)이라고 하고, 연어나 개구리처럼 암컷이 알을 낳으면 수컷이 알 위에 정액을 뿌려 수정이 이뤄지는 것을 (　　ㄴ　　)이라고 한다.

ㄱ (　　　　　　　　)
ㄴ (　　　　　　　　)

8 우리의 들숨과 날숨에 가장 많이 들어 있는 기체는 무엇입니까? (   )

① 산소　　　　　　　　　② 수소
③ 질소　　　　　　　　　④ 암모니아
⑤ 이산화탄소

9 음식물이 소화되는 과정에 대한 설명으로 알맞지 <u>않은</u> 것은 어느 것입니까? (   )

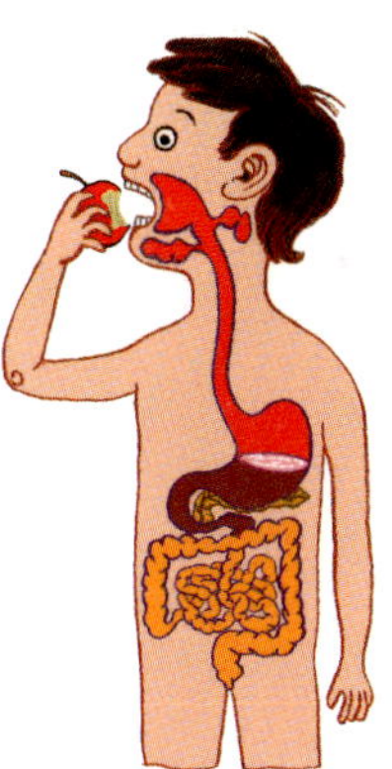

① 입에서는 침에 의해 탄수화물이 분해된다.
② 위에서는 단백질이 분해되고 영양소가 흡수된다.
③ 십이지장에서 이자액과 쓸개즙이 모여서 영양소가 분해된다.
④ 작은창자의 주름에 난 융털에서 분해된 영양소들이 흡수된다.
⑤ 큰창자에서는 물을 흡수하고, 남은 찌꺼기는 항문을 통해 배출된다.

10 동물이나 식물이 죽으면 어떻게 되는지 바르게 설명한 것을 모두 고르시오.

(   )

① 동식물의 사체는 썩어서 모두 없어진다.
② 동식물의 사체는 분해자에 의해 분해되어 모두 없어진다.
③ 동식물의 몸을 구성하는 유기물은 분해되어 크기가 작은 유기물로 존재한다.
④ 분해자에 의해 분해된 무기물은 식물의 광합성에 의해 유기물로 다시 합성된다.
⑤ 동식물의 사체는 분해자에 의해 무기물로 분해되어 물, 토양, 공기 중으로 돌아간다.

개념 지구와 우주

지상에서 높이 올라갈수록 기온이 올라간다(X)

"떴다 떴다 비행기, 날아라 날아라~."

처음 비행기를 타는 궁금이와 개념이는 신이 나서 노래를 부르며 비행기에 올라 탔어. 궁금이와 개념이를 태운 비행기는 하늘을 향해 높이 떠올랐지.

"하늘 위로 올라왔나 봐. 밖은 아주 따뜻할 거야."

"맞아, 태양에 가까워졌으니 더 따뜻해졌을 거야."

궁금이와 개념이는 비행기 밖의 기온에 대해 이야기를 나누었어. 그런데 궁금이 와 개념이의 생각과 달리 비행기는 추워서 몹시 괴로워하고 있네.

마침 땅 위에 있던 비행기가 소식을 전해 왔어. 하늘 위의 비행기와 달리 땅의 기 온은 따뜻하대. 어찌된 일일까?

지금부터 대기권의 기온이 높이에 따라 어떻게 달라지는지 알아보자.

나의 오개념을 체크해 보자 

지상에서 높이 올라갈수록 기온이 올라가. ○ ✗

대기권의 기온은 어디나 같아. ○ ✗

지구는 대기로 둘러싸여 있어.

우리 주위의 공기도 지구 중력에 의해 붙들려 있어. 그래서 지구 표면 근처에는 공기의 양이 많지만, 표면에서 멀어지면 공기도 적어지지. 이처럼 지구 주위를 두껍게 둘러싸고 있는 공기(기체)를 **대기**라 부르고, 대기로 둘러싸여 있는 공간을 **대기권**이라고 해. 대기는 땅으로부터 약 1000km까지 분포하고 있어.

대기 지구를 둘러싸고 있는 기체를 말한다.

대기권 지구의 바깥쪽을 둘러싸고 있는 기체층으로, 여러 종류의 기체가 섞여 있다.

대기권에서의 기온 변화는 층마다 달라.

대기권은 기온 분포에 따라 지구 표면에서부터 순서대로 대류권, 성층권, 중간권, 열권으로 나눠.

대류권은 지상으로부터 10~14km까지를 말해. 대류권의 공기는 지표에서 방출되는 열에 의해 가열되기 때문에 태양보다 지표의 영향을 더 많이 받아. 따라서 높이 올라면서 태양과 가까워지더라도 기온은 낮아져. 또한 데워진 공기는 위로 올라가고, 위쪽에서 다시 차가워진 공기는 아래로 내려오면서 대류가 일어나. 그래서 눈, 비, 구름, 태풍 등의 기상 현상이 일어나지. 비행기는 이러한 기상 변화를 피하기 위해 대류권 맨 꼭대기에서 비행하는 거야.

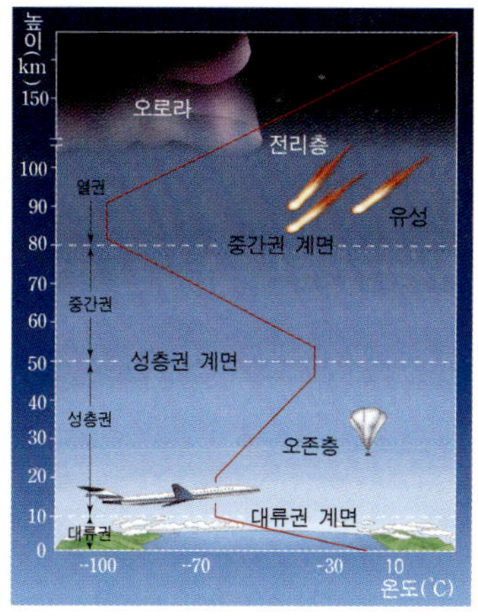

대기권의 구조

성층권은 높이가 50km까지로, 높이 올라갈수록 기온이 점점 올라가는 특징이 있어. 성층권 중간의 오존층이 태양으로부터 오는 자외선을 흡수하기 때문이지.

중간권은 높이가 약 80km까지로, 위로 올라갈수록 기온이 낮아져.

열권은 지상으로부터 80km 이상 떨어진 곳으로, 태양 에너지를 흡수하여 기온이 점점 상승하지. 심지어 150km 이상에서는 1000℃ 이상이야.

아하! 개념

- 지구 주위를 둘러싸고 있는 공기를 대기, 대기로 싸여 있는 공간을 대기권이라고 한다.
- 대기권은 기온에 따라 대류권, 성층권, 중간권, 열권으로 나눈다.
- 위로 올라갈수록 대류권과 중간권은 기온이 떨어지고, 성층권과 열권은 기온이 상승한다.

답 : X, X

1기압보다 높으면 고기압이고 낮으면 저기압이다(X)

오공이와 팔게는 '산 위에서 밥 잘 짓기 대회'에 참가했어. 오공이는 팔게만 믿고 놀러 다녔지. 팔게는 역시 오공이를 실망시키지 않았어. 팔게의 냄비에서만 구수한 밥 냄새가 나며 김이 모락모락 나고 있었거든. 팔게는 의기양양 소리 높여 말했어.

"이곳은 1기압보다 기압이 낮아서 저기압이야. 그러니 이렇게 냄비 위에 돌멩이를 올려놓아 기압을 높여 줘야 해."

팔게의 말이 끝나자 다른 참가자들이 수군대기 시작했어. 멀리서 이 모습을 지켜보던 오공이는 한숨을 쉬며 중얼거렸지.

"산 위의 기압이 낮다는 건 맞는 소리지만, 1기압보다 낮으면 저기압 어쩌구 하는 건 틀렸어. 이 친구야!"

오공이의 말대로라면 팔게가 기압에 대해 잘못 이해하고 있다는 건데, 어떤 내용이 어떻게 틀렸다는 것일까? 지금부터 기압에 대해 자세히 알아보자.

나의 오개념을 체크해 보자 

산 위는 항상 저기압이야.　　　　　　　　　　　◎　✖

1기압보다 높으면 고기압이야.　　　　　　　　　◎　✖

바람은 기압차로 인해서 생겨.　　　　　　　　　◎　✖

대기압은 공기의 압력이야.

우리는 공기의 힘을 잘 느끼지 못하지만 사실 공기는 아주 큰 힘을 가지고 있어. 오른쪽 그림과 같이 흡착고리를 책받침 중앙에 붙였다가 잡아당겨 봐. 아무리 잡아당겨도 책받침을 들어 올릴 수 없을 거야. 그건 책받침을 누르는 공기의 압력 때문이야. 공기의 압력을 **대기압**이라고 해. 대기압은 공기의 무게 때문에 생기지.

책받침 들어 올리기

그렇다면 대기압의 크기는 얼마나 될까? 대기압은 약 76cm의 수은 기둥이 누르는 힘과 같아. 그래서 수은 기둥 76cm가 누르는 압력을 1기압이라고 약속했어. 지표면에서 위로 올라갈수록 공기의 양이 줄어들기 때문에 기압은 낮아져. 따라서 산 위에서 밥을 지으면 물이 낮은 온도에서 끓게 되어 밥이 설익게 돼. 그래서 팔게처럼 냄비 위에 돌을 얹어 압력을 높여주지.

즉, 높은 산에서 공기가 누르는 힘은 지표에서보다 작은 거야. 팔게가 돌을 얹은 것은 압력을 높게 해 주기 위한 방법이었어. 그래야 높은 온도까지 올라가니까.

주위보다 기압이 높으면 '고기압', 낮으면 '저기압'이라고 해.

텔레비전에서 일기예보를 할 때 고기압, 저기압이라고 말하는 것을 들었을 거야. 고기압과 저기압은 상대적인 개념이야.

즉, 주위보다 기압이 높으면 '고기압', 낮으면 '저기압'이라고 해. 그러니 팔게가 '1기압보다 낮아서 저기압이다.'라고 말한 것은 잘못된 거야.

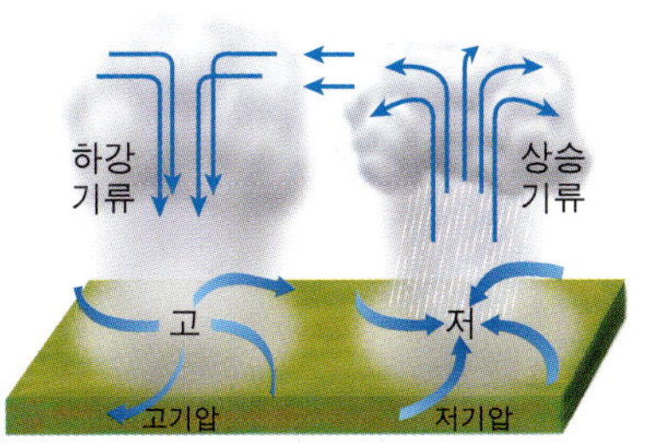

고기압과 저기압에서 공기의 흐름

예를 들어 더운 날 햇빛에 의해 지표면이 데워지면 공기가 위로 올라가므로 지표 부분에는 공기의 양이 적어져 저기압이 돼. 반면 차가운 곳은 상대적으로 고기압이 되지. 바람은 기압차에 의한 공기의 이동이야.

아하! 개념

- 대기압이란 공기의 무게로 인해 생기는 공기의 압력이다.
- 1기압은 76cm 높이의 수은 기둥 바닥에서의 압력과 같다.
- 주위보다 기압이 높으면 고기압, 낮으면 저기압이다.

답 : X, X, O

밀물과 썰물은 매일 같은 시각에 일어난다(X)

나빈손이 주말을 맞아 제부도로 놀러갔어. 저녁 6시 30쯤 제부도에 도착했을 때 바닷길이 열려 있었어. 마치 모세의 기적이 일어난 것 같았지.

"이렇게 넓은 바다가 갈라지다니!"

다음 날 나빈손은 매바위도 구경하고 갯벌에서 굴도 따면서 즐거운 시간을 보냈어. 해가 뉘엿뉘엿 질 무렵 나빈손은 바닷길을 건너온 시각에 맞춰 바닷가로 나갔어. 그런데 세상에! 바닷길이 바닷물 속에 잠겨 없어졌지 뭐야. 나빈손은 어떻게든 나가야겠기에 뗏목을 만들기 시작했어. 뗏목을 만들며 투덜댔어.

"뭐야, 바닷길이 열리는 시각이 매일 달라진다는 거야? 그럴 리가 있나?"

마을 주민들은 나빈손의 성급함을 놀려댔어. 조금 있으면 길이 열릴 텐데 괜한 고생을 하는 거라고 말야. 그런데 왜 바닷길이 열렸던 시각이 맞지 않은 걸까? 조석에 대해 자세히 알아보자.

나의 오개념을 체크해 보자 

밀물과 썰물은 하루에 한 번씩 일어나.　　　　　　　　　　　　　◎ ✖

바닷물이 밀려들어 오고 밀려나가는 것은 매일 같은 시각에 일어나.　◎ ✖ 

바닷물이 밀려들어 오는 밀물, 바닷물이 밀려나가는 썰물

서해안에 가보면, 바닷물이 밀려나가 갯벌이 드러나는 때가 있고, 바닷물이 밀려들어 오는 때가 있어. 이렇게 바닷물이 밀려나가는 것을 **썰물**, 바닷물이 밀려들어 오는 것을 **밀물**이라고 해. 그리고 이러한 바닷물의 움직임을 **조류**라고 하지.

조류는 **조석**에 의해 일어나. 조석은 해수면의 높이가 오르락내리락 하는 현상이야.

조류 조석에 의해 생기는 수평적인 바닷물의 흐름

조석 달과 태양이 당기는 힘에 의해 해수면이 하루에 두 번, 혹은 한 번 주기적으로 오르락내리락하는 현상

조석은 매일 약 50분씩 늦어져.

엄청난 양의 바닷물을 위아래로 오르락내리락 만드는 조석은 어떻게 일어나는 걸까? 조석은 지구와 달 사이에 서로 잡아당기는 힘, 그리고 작기는 하지만 지구와 태양 사이에 서로 잡아당기는 힘에 의해 일어나.

만조

간조

달이 잡아당기는 힘 때문에 달 가까이에 있는 지구의 바닷물은 부풀어 올라. 지구가 자전하면서 그 부분을 지나게 될 때 해수면이 올라가게 되지. 하루 중 해수면이 가장 높을 때를 **만조**, 가장 낮을 때를 **간조**라고 해. 만조와 간조는 하루에 두 번 일어나는 곳도 있고 한 번 일어나는 곳도 있는데, 그 시각은 조금씩 달라져. 오른쪽 그림을 보며 그 이유를 생각해 볼까?

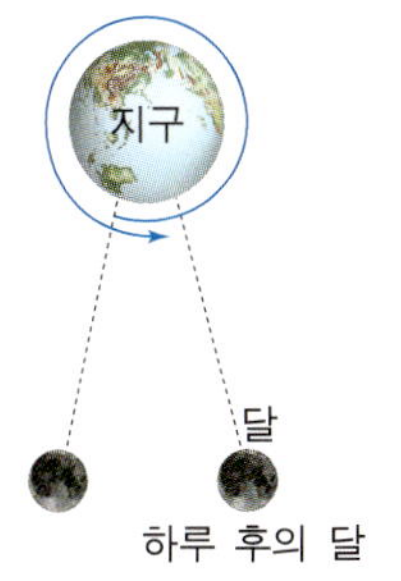

지구의 자전과 달의 공전

지구가 자전하는 동안 달도 지구 주위를 공전해. 지구가 자전하여 한 바퀴 돌아오면 달은 공전하여 좀 더 이동해 있게 되지. 지구가 그 차이만큼 더 움직이는 데는 약 50분이 걸려. 이것은 달이 매일 50분씩 늦게 뜨는 이유이기도 해. 따라서 조석은 24시간 50분 동안 두 번의 만조와 간조가 일어나므로 주기는 매일 50분씩 늦어지는 거야.

아하! 개념

- 바닷물이 밀려들어 오는 것을 밀물, 밀려나가는 것을 썰물이라고 한다.
- 조석은 하루에 두 번 혹은 한 번씩 주기적으로 오르락내리락 하는 현상이다.
- 조석은 달의 공전으로 인해 매일 약 50분씩 늦어진다.

답 : X, X

18 서해에서만 밀물과 썰물이 일어난다(X)

　　동해의 해안선을 따라가다 보면, 바위들이 엉켜 산속 계곡을 만들어 놓은 것 같은 해안이 있어. 가장 큰 바위에는 수천 마리의 게들이 살고 있지. 큰 바위 마을에 사는 납작이는 다른 게보다 등판이 더 납작해. 그래서 납작이는 항상 자랑을 했어.

　　"나는 어디든 마음껏 기어다닐 수 있어."

　　바닷물이 밀려드는 시간이 다가오자 친구들은 모두 바위틈에 붙어 몸을 웅크렸어. 장난기 많은 납작이는 요리조리 뛰어다니다 그만 바닷물에 휩쓸리고 말았지. 한참을 물속에서 뱅글뱅글 돌던 납작이는 바닷물이 빠지면서 아주 좁은 바위틈에 몸통 중앙이 딱 끼이고 말았어.

　　"누가 나 좀 들어올려 줘~." 라며 납작이가 울먹였어. 친구들은 평소 잘난체하던 납작이가 얄미워 도와주지 않았어.

　　"밀물이 생겨 바닷물이 다시 차오를 때까지 거기 그렇게 있어."

　　어! 친구들 말이 좀 이상하네. 동해에도 밀물과 썰물이 있을까?

나의 오개념을 체크해 보자 

밀물과 썰물은 갯벌에서만 일어나. 　　　　　　　　　　　　　◎ ✗

서해가 동해보다 만조와 간조의 차가 커. 　　　　　　　　　◎ ✗

동해에도 밀물과 썰물이 있어.

인천 앞바다는 조석에 따른 **간조**와 **만조**의 바닷물 높이 차가 8.4m 정도야. 서해는 세계적으로 간만의 차(만조와 간조 때의 해수면의 높이 차)가 크기로 유명한 지역이지. 그렇다면 동해에도 간만의 차가 있을까? 물론 동해에도 간만의 차가 있어. 높이 차가 0.3m정도라 거의 티가 나지 않을 뿐이야.

갯벌

서해는 동해보다 간만의 차가 커.

서해가 동해보다 간만의 차가 큰 이유는 무엇일까? 간만의 차가 크게 나타나는 곳은 몇 가지 공통적인 특징이 있어.

우선 해안 지형이 대부분 움푹 들어간 만(물굽이 만 灣)의 형태로 되어 있다는 점을 들 수 있어. **밀물** 때 바닷물이 달의 인력에 끌려 계속 밀려오다가 막다른 골목과도 같은 만의 형태의 해안에 이르게 되면, 더 이상 갈 곳이 없기 때문에 바닷물의 수위가 높아지게 되는 거지. 반대로 물이 빠지는 때는, 만에 갇힌 물이 멀리까지 쉽게 빠져나갈 수 있도록 넓은 바다를 향해 활짝 트여있는 지형을 갖추고 있다는 점도 특징이야.

바다의 수심 역시 중요한 영향을 주는 요소야. 깊은 바다에서는 간만의 차가 작은 반면, 대륙붕과 같은 얕은 해안에서는 간만의 차가 큰 편이야. 달의 인력에 의해 해안으로 밀려오던 바닷물의 앞부분이 얕은 바다과의 마찰로 속도가 늦어지면서 뒤에서 밀려오는 바닷물과 합쳐져 수면이 높아지기 때문이지. 이와 같은 이유로 서해가 동해보다 간만의 차가 큰 거야.

커다란 간만의 차가 나타나는 곳은 세계적으로도 몇 군데밖에 없는데, 우리나라의 서해안, 영국, 독일, 네덜란드의 북해안, 캐나다 동부해안, 미국 동부 조지아 해안, 남아메리카 아마존 하구 등이 있어.

아하! 개념

- 동해에도 간만의 차가 있다.
- 서해는 바다의 깊이가 얕은 만 형태를 하고 있기 때문에 간만의 차가 크다.

답 : X, O

오개념 19 위도가 높은 런던이 서울보다 겨울에 더 춥다(X)

　　8월 여름방학을 맞아, 궁금이네 가족은 영국에 갔어. 한국에서 피서 가듯 짧은 치마에 반팔 티셔츠를 잔뜩 챙겨 갔지. 영국에 도착한 궁금이는 날씨가 서늘해서 몸이 오들오들 떨렸어.

　　"엄마, 날씨가 이상해요. 여름인데 너무 서늘해요."

　　이틀이 지나고, 삼일이 지나도 서늘한 날씨는 계속되었어.

　　마지막 날 궁금이네 가족은 영국 국회의사당의 빅벤과 타워브리지를 보러 갔어. 그곳에서 궁금이는 개념이에게 안부 전화를 했어.

　　"개념아, 나 빅벤 앞에 서 있어. 그런데 여기는 너무 서늘해. 반팔만 갖고 왔더니 추워서 감기 걸릴 것 같아."

　　"당연히 서늘하지. 영국은 해양성 기후잖아. 여름엔 서늘하고 겨울엔 대신 덜 춥지. 그나저나 서울은 너무 더워."

　　서울과 런던의 기후가 어떻게 다른지 알아보자.

나의 오개념을 체크해 보자 

날씨는 위도의 영향만 받아.　　　　　　　　　　　　◎ ✖

위도가 높으면 언제나 더 추워.　　　　　　　　　　　◎ ✖

기후는 위도 외에도 다른 영향을 받아.

지구의 **기후**는 위도에 따라 달라져. 위도란 지구 상에 적도를 기준으로 북쪽, 남쪽으로 얼마나 떨어져 있는지를 나타내는 위치야. 적도 주변은 태양빛을 많이 받아 기온이 높고, 극 지방으로 갈수록 추워지지. 그래서 흔히 위도가 높으면 춥고, 위도가 낮으면 덥다고 말해.

그러나 항상 그런 건 아냐. 비슷한 위도에 있으면서도 대륙의 동쪽에 있는지, 서쪽에 있는지에 따라 기후가 달라져. 대표적인 예가 런던과 서울이야. 서울은 북위 약 37°에 위치해 있고, 런던은 조금 더 위쪽인 북위 51°에 위치해 있어. 그렇다면 위도가 더 높은 런던이 서울보다 더 추울까? 꼭 그렇진 않아. 기후는 위도 외에도 여러 가지 영향을 받아.

기후 오랜 기간 동안의 평균적인 날씨 변화이다.

연교차가 큰 대륙성 기후, 연교차가 작은 해양성 기후

우리나라는 대륙의 동쪽에 위치해 있어서 서쪽의 대륙과 태평양의 영향을 둘 다 받아. 겨울에는 대륙으로부터 차가운 북서풍이, 여름에는 태평양으로부터 따뜻한 남동풍이 불어와서 겨울엔 춥고, 여름엔 무더운 날씨를 보여. 이러한 기후를 대륙성 기후라고 불러.

반면, 영국은 대륙의 서쪽에 위치해 있는 섬나라야. 영국은 겨울에도 비교적 따뜻하고, 여름에도 기온이 크게 높지 않아. 런던과 같이 겨울과 여름의 기온차가 크지 않은 기후를 해양성 기후라고 불러.

즉, 런던은 서울보다 위도가 높은 곳에 위치해 있지만, 서울보다 겨울이 따뜻하고 여름이 서늘한 기후를 보인다는 거야.

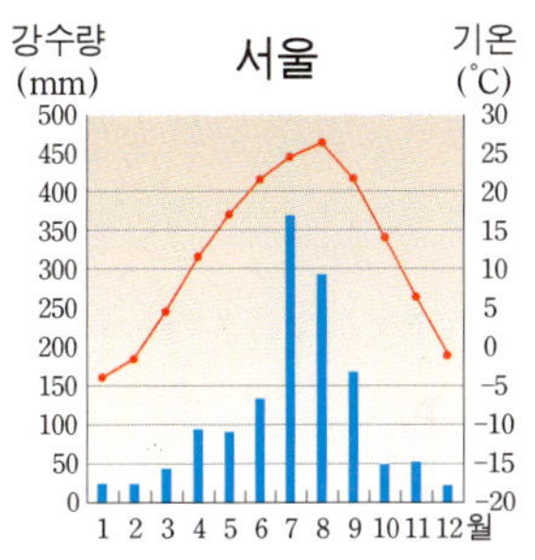

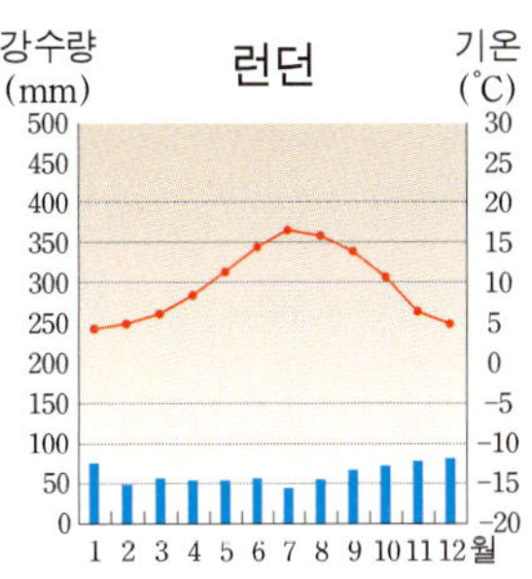

서울과 런던의 월별 강수량과 기온

아하! 개념

- 기후는 위도 외에도 다른 영향을 받는다.
- 우리나라는 연교차가 큰 대륙성 기후이다.
- 영국은 연교차가 작은 해양성 기후이다.

답 : X, X

남극과 북극은 항상 겨울이다(X)

궁금이와 개념이는 과학관에 현장 학습을 갔어. 극지 체험에 들어간 개념이는 남극과 북극의 모습을 보고 놀랐지.

"나 꼭 남극에 가볼 거야. 극지 연구 체험단에 신청할래. 남극에 가면 펭귄도 보고, 바다사자도 보겠지?"

궁금이도 개념이의 말을 듣고 남극에 가고 싶은 마음이 생겼어.

"너 남극 체험단에 언제 신청할 거야?"

"남극이 여름일 때 가야지."

"여름에 간다고? 남극에도 여름이 있어?"

궁금이는 도무지 개념이 말을 이해할 수 없었어. 남극은 빙하로 덮여 있어서 추울 텐데, 여름이라니.

정말 남극과 북극에도 계절이 있을까? 남극과 북극의 여름은 언제인지 알아보자.

나의 오개념을 체크해 보자 

남극과 북극에는 계절의 변화가 없어. ◎ ✖

남극이 여름이면 북극은 겨울이야. ◎ ✖

극지방에는 온종일 낮인 시기가 있어. ◎ ✖

상대적으로 기온이 오르는 달이 여름이야.

세계 여러 나라들이 함께 맺은 〈남극 조약〉에서 남위 60° 남쪽 지역을 **남극**으로 부르기로 했어. 남극 대륙과 바다를 포함하고 있지. **북극**은 북위 60° 북쪽 지역으로 북미와 유라시아 대륙으로 둘러싸인 해양이야. 중심 지역은 대부분 두꺼운 얼음으로 덮여 있지.

북극

극지는 모두 기온이 낮아. 남극 내륙 중심부에서 일 년 중 가장 따뜻한 달의 평균 기온은 영하 30℃이고, 가장 추운 달의 평균 기온은 영하 70℃가량 돼. 심지어 남극의 러시아 보스토크 기지에서는 최저 기온이 영하 89.5℃를 기록한 적이 있어.

남극

북극은 남극보다는 기온이 높아. 평균 기온이 영하 30℃~영하 40℃ 정도이지. 따뜻한 달에는 평균 0℃정도야. 기온으로만 보면 남극과 북극 모두 매우 추운 겨울 날씨라고 할 수 있어. 그럼, 남극과 북극은 일 년 내내 겨울일까? 그건 아니야. 더울 정도는 아니지만, 상대적으로 기온이 더 올라가는 시기가 여름이야.

온종일 낮인 여름, 온종일 밤인 겨울

남극과 북극에는 하루 24시간 내내 낮인 시기가 있고, 밤인 시기도 있어. 그 이유는 지구가 23.5° 기울어져 태양 주위를 공전하기 때문이야. 오른쪽 그림과 같은 상황에서 북극은 자전을 해도 항상 태양빛을 받아 낮이 되고, 남극은 태양이 지평면 밑에 있게 되므로 밤이 돼. 또, 태양이 높이 떠올라 온종일 떠 있으면 날씨가 따뜻해져

여름이 되고, 태양이 지평선 밑에 주로 머무르게 되면 밤이 길고 기온이 떨어지는 겨울이 되지. 위도에 따라 다르지만 남극은 대부분 11월~2월이 여름인 시기이고, 북극은 7~8월이 여름이야. 남극은 우리나라와 달리 남반구에 위치해 계절이 반대거든.

아하! 개념

- 남극은 남위 60° 남쪽 지역, 북극은 북위 60° 북쪽 지역을 말한다.
- 남극과 북극에는 24시간 내내 낮인 시기, 24시간 내내 밤인 시기가 있다.
- 남극과 북극의 계절은 반대이다.

답 : X, O, O

21 화산 분출은 육지에서만 일어난다(X)

해적질을 일삼던 후크 일행은 마침내 피터팬을 붙잡아 배에 태웠어.

그런데 바다 한가운데 이르자, 갑자기 바닷물이 솟아오르고, 바다에서 연기가 나기 시작했어. 그러더니 곧 물고기들이 죽어서 떠오르고, 심지어 돌까지 떠오르는 거야.

후크 일행은 부들부들 떨었어. 자신들이 나쁜 짓을 많이 해서 벌을 받는다고 생각했지.

"살려주세요. 다시는 해적질 안 하겠습니다."

여기저기서 후크 일행의 호들갑이 이어졌어.

그 모습을 보고 피터팬은 웃으며 속삭였어.

"바보들! 바다에서 화산 분출이 일어난 것인데…… ."

그런데 화산 분출은 육지에서만 일어나는 것 아닌가? 혹시 피터팬이 뭔가 착각하고 있는 게 아닐까? 화산 활동이 일어나고 있는 곳에 대하여 자세히 알아보자.

나의 오개념을 체크해 보자 

화산 분출은 육지뿐만 아니라 바다에서도 일어나.　　　◎　✖

화산 분출은 대륙의 경계에서만 일어나.　　　◎　✖

화산은 바다에서도 생겨.

땅속 깊은 곳에서 만들어진 마그마가 지각의 약한 틈으로 분출해서 만들어진 산을 화산이라고 해. 화산은 육지뿐만 아니라, 바다에서도 생기지. 바다에서 분출한 화산이 바다 위로 올라오면 화산섬, 바닷속에서 산을 이루면 **해저화산**이라고 해.

화산 활동이 일어난 것으로 확인되는 해저화산은 전세계 약 200여 개 정도나 돼. 해저화산의 4분의 1정도가 바다 위로 모습을 드러내어 화산섬이 되었지. 우리나라의 화산섬은 울릉도, 제주도가 대표적이야. 아이슬란드 남동쪽의 서트시섬은 1963년에 새로 생긴 **화산섬**이야.

그럼, 바닷속 화산 활동이 일어나는 걸 어떻게 알 수 있을까? 바닷속에서 화산 활동이 일어나면 바닷물이 솟아오르고 연기가 나며, 마그마가 갑자기 식으면서 생긴 돌이나 죽은 물고기도 떠올라.

통가 해저화산 폭발

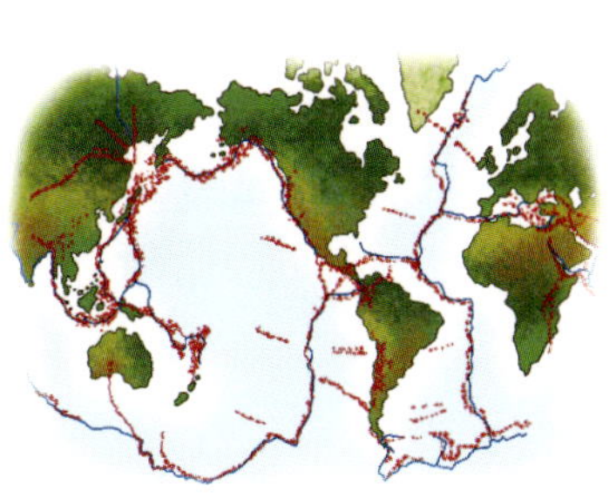
화산대

화산 활동은 대양저 산맥, 해구, 판 내부에서 주로 일어나.

화산 활동은 바닷속에 있는 대양저 산맥, 해구 주변 대륙의 가장자리, **판**(지각과 맨틀의 최상부를 포함하고 있는 단단한 암석층) 내부에서 활발해. 현재 활발히 활동하고 있는 800여 개의 화산은 해구 주변 대륙의 가장자리에 있어. 해양판이 밀려나 대륙판과 만나면 더 단단한 대륙판 아래로 밀려 들어가게 돼. 그러면서 화산 분출이 일어나고 대륙의 가장자리에 화산이 많이 생겨. 또한 대양저 산맥은 단단한 판들이 서로 잡아당겨서 새로운 땅이 생기는 곳이야. 따라서 지각이 얇은 대양저 산맥의 측면과 근처에는 수많은 화산이 생겨. 하와이 섬은 아직도 판 내부에서 화산 활동이 일어나고 있어.

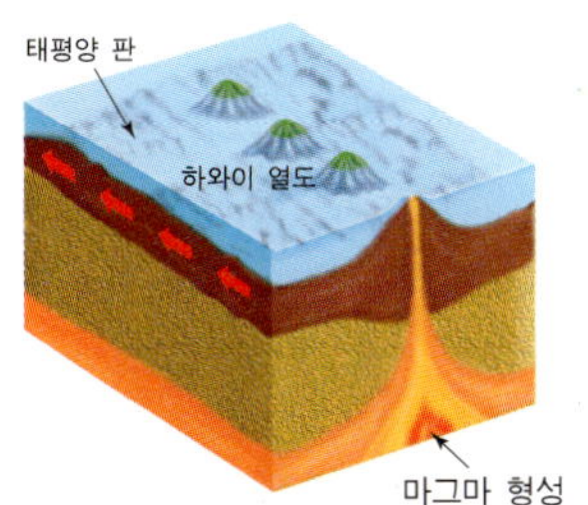

화산섬의 생성

아하! 개념

- 바다에서 분출한 화산이 바다 위로 올라오면 화산섬, 바다 속에 있으면 해저화산이다.
- 화산 활동은 대양저 산맥, 해구 주변 대륙의 가장자리, 판 내부에서 활발히 일어난다.

답 : O, X

대륙의 중심에서는 지진이 일어나지 않는다(X)

얼마 전 동물원에 토토로가 새로운 식구로 들어왔어. 토토로는 일본에서 3년 동안 살다가 한국으로 왔지.

그러던 어느 날 동물원에 이상한 기운이 감돌았어. 고니들은 불길한 예감에 물 근처에도 못 가고 서성였고, 소와 말도 우리에 들어가지 않으려고 발버둥쳤어. 한국 반달곰인 토종이도 뭔가 일이 터질 것만 같은 예감에 하늘을 향해 고래고래 소리를 질렀어. 하지만 토토로는 대수롭지 않다는 듯 말했지.

"일본에서는 자주 겪었던 일인데 뭘……. 땅의 흔들림이 느껴지는 걸 보니 지진이 일어나나 봐."

잔뜩 겁을 먹은 토종이가 말했어.

"그럴 리가……. 우리나라는 대륙이라 지진이 일어나지 않는다고!"

토종이의 말처럼 대륙의 중심에서는 지진이 일어나지 않을까? 지금부터 지진이 어떤 곳에서 일어나는지 알아보자.

나의 오개념을 체크해 보자 

대륙에서는 지진이 일어나지 않아.   ◎ ✗

지진은 지진대에서만 일어나.   ◎ ✗

지진이 자주 일어나거나 일어나기 쉬운 지역을 지진대라고 해.

지진은 지구 내부의 힘에 의해 지층이 갈라지면서 그 충격으로 땅이 흔들리는 현상을 말해. 지진에 의해 집과 도로가 무너지고 사람들이 다치는 등 큰 피해가 일어나지. 이러한 지진은 주로 어디에서 어떻게 발생할까?

지구 표면은 여러 개의 **판**으로 이루어져 있

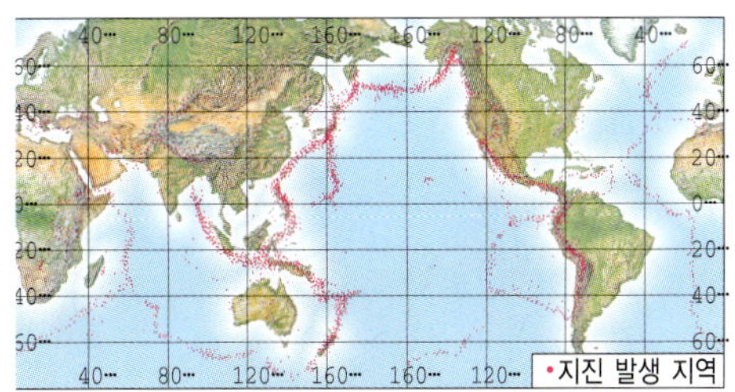

지진대

어. 판과 판의 경계에서는 판끼리 밀고 당기는 과정에서 지진이 많이 발생해. 과학자들은 30년간 큰 지진이 발생한 지역을 조사하여 표시를 했어. 이것으로 태평양 연안, 지중해, 히말라야 산맥 부근에서 지진이 자주 발생한다는 것을 알았어. 이렇게 지진이 자주 발생하기 쉬운 지역을 **지진대**라고 해. 그런데 신기하게도 지진이 자주 발생하는 지역과 화산이 배열된 지역이 거의 일치해.

판 내부에서도 지진이 발생해.

지진대는 주로 대륙의 가장자리에 분포해. 그렇다면 대륙의 중심에서는 지진이 일어나지 않을까? 그렇지 않아. 대륙에서도 지진은 일어나. 최근에 중국의 쓰촨성에서 지진이 일어난 적이 있거든. 실제로 우리나라에서도 지진은 꾸준히 일어났어. 기록에 따르면 오늘날까지 우리나라에서 발생한 지진은 약 2500회 정도야. 1978년 충청남도 홍성에서는 땅이 갈라지고 집이 부서지며, 유리창이 깨지는 등의 지진 피해를 입었어. 하지만 이웃나라 일본에 비하면 심하지 않아. 일본은 판과 판의 경계에 위치해 있지만 우리나라는 큰 판의 내부에 있기 때문이야.

일본과 같이 판의 경계에서 발생하는 지진을 판 경계 지진이라 하고, 우리나라와 같이 판의 내부에서 발생하는 지진을 판 내부 지진이라고 해.

지구의 판 구조 지구 표면은 여러 개의 판으로 되어 있고 지구 내부의 힘에 의해 움직이고 있다. 우리나라는 유라시아 판에 속한다.

아하! 개념

- 지진은 지구 내부의 힘에 의해 땅이 흔들리는 현상이다.
- 지진이 자주 일어나거나 일어나기 쉬운 지역을 지진대라고 한다.
- 지진은 판의 내부에서도 일어난다.

답 : X, X

23 달에서는 풍화가 전혀 일어나지 않는다(X)

2050년, 여우와 어린왕자는 우주선을 타고 달에 놀러 갔어. 달 위를 걷다 발자국을 발견했지. 그건 1969년, 인류 역사 최초로 달에 발을 디딘 발자국이었어. 암스트롱이 아폴로 11호를 타고 갔었지. 지금까지 남아 있는 발자국을 보며, 여우가 말했어.

"달에는 물과 공기가 없으니까 풍화 작용이 일어나지 않았던 거야. 그러니 발자국이 잘 보존되었지."

어린왕자는 이상했어.

"여우야, 네 발 밑을 봐. 그 흙은 그럼 어떻게 생긴 거지? 흙은 풍화의 증거잖아."

여우 말대로 달에 풍화 작용이 없다면 흙은 어떻게 생긴 걸까? 달에서 풍화 작용을 일으키는 또 다른 원인이 있는 걸까? 지금부터 우리가 모르는 달의 비밀을 자세히 알아보자.

나의 오개념을 체크해 보자 

달에서는 풍화 작용과 침식 작용이 일어나지 않아.　　⊙ ✖

달의 운석 구덩이 수는 변하지 않아.　　⊙ ✖

달에서는 별똥별(유성)을 더 많이 볼 수 있어.　　⊙ ✖

달은 우주로부터 오는 작은 알갱이들에 의해 침식이 일어나.

달에 대기와 물이 없는 것은 맞아. 그래서 흔히 풍화 작용과 침식 작용이 일어나지 않는다고 생각하지. 암스트롱의 발자국이 아직도 선명하게 남아 있는 걸 보면, 달에서 **풍화 작용**과 **침식 작용**이 거의 일어나지 않는 것은 분명해. 그런데 우주인들이 탐사한 결과, 달의 운석 구덩이에서는 화성암, 유리구슬, 그리고 달의 먼지들이 3m 넘게 쌓여 있는 것이 발견되었어. 달에 먼지가 있다는 건 풍화 작용이 일어났다는 말인데, 어떻게 된 일일까?

달은 대기가 없어서 우주에서 날아오는 운석들을 막지 못해. 지름이 1mm 이하인 작은 운석 알갱이들이 그대로 달의 표면에 충돌하게 되지. 그 충격으로 땅이 조금씩 깎여 나가면서 또 다른 형태의 침식 작용이 일어나게 되는 거야. 아주 천천히 말이야.

풍화 작용 암석이 그 장소에서 붕괴되거나 분해되어 흙을 만드는 과정을 말한다.

침식 작용 땅을 깎거나 화학적으로 암석을 녹이는 작용을 말한다.

달은 운석의 충돌에 노출되어 있어.

지구에는 대기가 있어서 **운석**들이 지상에 도달하기 전에 대부분 타버려. 그것이 바로 별똥별이라고 불리는 유성이야. 반면, 달에서는 별똥별을 볼 수 없어. 대기가 없어서 운석이 그대로 달의 표면으로 떨어지거든. 실제로 달에는 운석 구덩이로 보이는 것이 헤아릴 수 없을 만큼 많아. 하지만 지구에는 겨우 10개 정도밖에 되지 않지.

달에서 운석이 충돌할 때의 모습은 돌을 물속으로 던졌을 때 물이 튀는 모습과 비슷해. 충돌이 일어나면, 순간적으로 압축되어 있던 지표가 터지면서 운석 구덩이 주변으로 물질들이 튀어나가지. 충돌에 의해 생긴 열로 유리구슬이 만들어지기도 해. 그래서 운석 구덩이 주변에 유리구슬과 아주 미세한 조각들이 쌓여 있게 되는 거야.

운석 우주에 떠돌아다니는 돌덩어리들이 대기 중에서 타지 않고 땅에 떨어진 것

운석 구덩이

아하! 개념

- 달은 대기와 물이 없지만, 다른 형태의 침식을 받는다.
- 달은 우주로부터 날아오는 미세 입자에 의해 침식이 일어난다.
- 운석이 충돌하면 운석 구덩이가 생기고, 주변에 유리구슬과 미세 조각들이 쌓인다.

답 : X, X, X

24 밤하늘에 빛나는 것은 모두 별이다(X)

사랑에 빠진 둘리엣과 너미오가 밤하늘을 보고 있어. 초승달 옆에서 빛나고 있는 별이 너무 예뻐서 둘리엣이 너미오에게 말했어.

"너미오, 저 초승달 옆의 반짝이는 별을 따 주세요."

너미오는 황당했어.

"둘리엣 저것은 별이 아니오."

둘리엣은 얼굴이 빨갛게 달아오르며 우기기 시작했어.

"사랑이 식은 거지요? 별을 따 주기 싫어 핑계를 대는 거지요? 빛나는데 왜 별이 아니라는 거예요?"

정말 둘리엣이 따달라고 조른 게 별이 아닌 걸까? 아니면 사랑이 식어서 너미오가 거짓말을 하는 걸까?

달을 따라가며 옆에서 빛나는 것은 별이 아니라 지구처럼 태양 주위를 돌고 있는 금성이야. 그렇다면 별이란 무엇인지, 하늘에는 어떤 것들이 있는지 자세히 알아보자.

나의 오개념을 체크해 보자 

밤하늘에 빛나는 것은 모두 별이야. ⭕ ❌

달은 태양빛을 반사해서 빛나. ⭕ ❌

오개념 탈출 빛의 굴절과 별의 반짝임

별은 스스로 빛을 내는 항성이야.

밤하늘에 빛나고 있는 것이 모두 별은 아니야. 천문학에서 별은 태양처럼 스스로 빛을 내는 항성을 말해. 항성은 거리가 너무 멀어 움직이지 않는 것처럼 보여서 항성(항상 항恒, 별 성星)이라고 불러. 우리가 알고 있는 별자리인 북두칠성, 오리온자리, 카시오페이아 등 별자리를 이루는 별들은 모두 스스로 빛을 내는 항성이야. 항성 중에는 실제로 태양보다 더 크고 빛나는 별도 있어. 다만 거리가 너무 멀어서 작은 점이 빛나는 것처럼 보일 뿐이야.

그런데 항성만 밤하늘에 빛나는 것은 아니야. 스스로 빛을 내지 못하지만 태양의 빛을 반사하여 빛나는 **행성**, **위성**, 혜성들도 있어. 둘리엣이 본 것은 행성 중 하나인 금성이야. 금성은 태양의 빛을 반사해서 밝게 빛나 보이거든.

> **행성** 태양주위를 공전하여 태양빛을 반사해 빛을 내는 천체
>
> **위성** 행성 주위를 도는 천체, 지구의 위성으로는 달과 인공위성이 있다.

별은 빛이 굴절하여 반짝거려 보여.

밤하늘의 별과 행성은 어떻게 구별할까? 우주에는 항성, 행성, 위성 등의 많은 천체가 있어. 태양계의 행성 8개 중 지구를 제외하고 눈으로 볼 수 있는 행성은 5개야. 수성, 금성, 화성, 목성, 토성이지. 이 5개의 행성은 다른 별보다 훨씬 밝아. 모두 태양의 빛을 반사해서 빛나.

이 외에도 반짝임으로 행성인지 별인지 구별할 수 있어. 별이 반짝거려 보이는 이유는 지구의 대기가 고르지 않아 빛이 그대로 들어오지 못하고 **굴절**이 일어나기 때문이야. 별은 멀리 있기 때문에 아주 작게 보인다고 했지? 그래서 굴절이 조금만 일어나도 상하좌우로 흔들려 빛이 눈으로 들어오지 못하는 경우가 잠깐씩 생기기 때문에 반짝반짝 빛나는 것처럼 보이는 거야. 그러나 행성은 다소 굴절이 일어나도 어느 정도의 크기를 가지고 있기 때문에 눈에서 벗어나는 일이 없어. 따라서 반짝임이 거의 없이 빛나는 것으로 보이게 돼.

케냐의 수도 나이로비에서 초승달, 금성, 목성이 함께 뜬 모습

아하! 개념

- 별은 태양처럼 스스로 빛을 내는 항성이다.
- 밤하늘에 빛나는 것은 스스로 빛나는 항성과 태양의 빛을 반사하여 빛나는 행성, 위성 등이 있다.
- 달은 지구의 위성이다.

답 : X, O

25 별은 하늘에 붙어 있다(X)

아르테미스는 오리온과 깊은 사랑에 빠졌어. 오리온은 바다의 신 포세이돈의 아들이었지. 그런데 아르테미스의 오빠인 아폴론은 두 사람의 관계를 반대했어. 어느 날 아폴론은 바다를 건너는 오리온을 봤어. 아폴론은 아르테미스에게 내기를 걸었지.

"저 바다 위에 있는 동물에 화살을 쏘아 맞혀 봐. 넌 사냥의 여신이잖아."

아무것도 모르는 아르테미스는 한 번에 명중시켰어. 나중에서야 그가 오리온이었다는 사실을 알고 큰 슬픔에 빠졌지. 제우스 신은 아르테미스의 슬픔을 달래기 위해 오리온을 밤하늘의 별자리로 만들어 주었어. 하지만 아르테미스는 오리온이 너무나 보고 싶었어. 그래서 제우스 신을 찾아가 부탁했지.

"제발, 저를 하늘 높이 보내 주세요. 오리온을 만나고 돌아오겠습니다." 하지만 제우스 신은 허락하지 않았어. "네가 하늘 높이 올라가도 오리온을 만날 수 없어."

왜 아르테미스가 우주로 가도 오리온을 만날 수 없는 걸까?

나의 오개념을 체크해 보자 

별은 모두 같은 거리에 있어.   ◎ ✖

지구에서 어떤 별까지의 거리는 별과 별 사이의 거리보다 항상 멀어.   ◎ ✖

별의 거리는 '광년'이라는 단위를 사용해.

밤하늘에 별을 바라보면 까만 도화지에 점이 찍혀 있는 것 같아. 오리온자리만 보더라도 붉은 별과 푸른 별, 그리고 더 밝은 별과 덜 밝은 별들로 이루어져 있는 사람 모양의 그림 같지. 하지만 실제 하늘의 별자리는 도화지 위의 그림 같지 않아. 만약 오리온자리의 별들을 옆에서 본다면 아주 다른 모습으로 보일 거야. 지구로부터 가까운 별, 먼 별 제각기 그 위치가 다르거든.

별은 너무 멀리 떨어져 있어서 km와 같은 단위로 표현할 수가 없어. 대신 '광년'이라는 단위를 사용해. 빛은 진공 속에서 1초 동안 약 30만 km를 나아가는데, 1광년은 이러한 빛의 속도로 1년간 나아간 거리를 뜻하는 거야.

오리온자리를 옆에서 보면 전혀 새로운 별자리가 돼.

오리온자리의 별 중 알파별인 베텔게우스는 지구로부터 520광년 떨어져 있어. 520광년은 빛이 520년 나아가는 거리에 있다는 뜻이지. 그런데 베타별인 리겔은 900광년, 오리온자리의 허리 부분에 있는 별들은 1600광년, 가장 멀리 있는 별인 사이프는 2100광년이나 떨어져 있어. 오리온자리의 별들을 모형 별자리판으로 만들어 보면, 떨어져 있는 정도를 쉽게 알 수 있어. 빨대를 오른쪽 표와 같은 길이로 잘라서 별자리판에 붙여 봐. 앞에서 보면 오리온자리지만 옆에서 보면 전혀 새로운 별자리가 될 거야. 빨대 길이가 가장 짧은 벨라트릭스는 4.7cm로, 빛이 470년 간 나아간 거리를 의미해. 반면 사이프의 빨대 길이는 벨라트릭스의 5배 정도나 돼. 지구에서 벨라트릭스까지의 거리보다 벨라트릭스와 사이프 사이의 거리가 훨씬 더 멀다는 것을 알 수 있어.

고유명	거리 (광년)	모형
베텔게우스	520	5.2cm
리겔	900	9cm
벨라트릭스	470	4.7cm
민타카	1500	15cm
아르니람	1600	16cm
아르니탁	1600	16cm
사이프	2100	21cm
메이사	1800	18cm

아하! 개념

- 1광년은 빛이 초속 30만 km의 속력으로 1년 동안 나아간 거리를 뜻한다.
- 별들은 지구로부터 제각각 다른 거리에 위치해 있다.
- 별은 아주 멀리 있어서 밤하늘에 찍혀있는 점처럼 보인다.

답 : X, X

26 모든 행성의 표면은 딱딱하다(X)

도우나는 둘뤼와 기동이에게 우주 여행에서 겪은 이야기를 해 주었어.

"고향 깐따삐아를 떠나 타임 코스모스를 타고 태양계를 여행 중이었지. 행성들을 지나던 중, 고리를 가진 토성이 너무 아름다워 기념 사진을 찍어왔어. 이 사진은 토성에서 찍은 거야."

도우나가 보여 준 사진은 딱딱한 땅 위, 돌덩이 옆에서 찍은 사진이었어. 둘뤼는 사진을 보고 이상하다고 생각했지.

"어, 토성은 기체 행성인데……."

도우나가 보여 준 사진은 정말 토성에서 찍은 사진일까? 그렇지 않아. 모든 행성이 지구처럼 딱딱한 표면을 가진 건 아니거든. 눈에 보이는 행성의 표면이 두꺼운 기체층으로 이루어진 행성들도 있어. 어떤 행성들이 그러한지 지금부터 자세히 알아보자.

나의 오개념을 체크해 보자

모든 행성은 단단한 표면으로 이루어져 있어.   ◎ ✖

모든 행성의 기체 성분은 같아.   ◎ ✖

토성에는 고리가 있어.   ◎ ✖

지구형 행성은 고체 행성이야.

태양계에는 태양에서부터 수성, 금성, 지구, 화성, 목성, 토성, 천왕성, 해왕성에 이르기까지 8개의 **행성**이 있어. 행성들은 태양 주위를 공전하고, 태양빛을 반사해서 빛난다는 공통점이 있지. 그런데 행성은 주된 구성물에 따라 크게 두 가지로 나눌 수 있어.

수성 표면

그 하나는 고체 행성인 지구형 행성이고, 다른 하나는 기체 행성인 목성형 행성이야. 수성, 금성, 화성은 지구와 비슷하게 표면이 딱딱한 고체로 이루어져 있어. 수성은 대기가 거의 없어서 표면이 마치 달처럼 보여. 딱딱하고 운석 구덩이가 많지. 화성도 수성과 마찬가지로 대기가 옅고 표면이 딱딱하며 운석 구덩이가 많아. 화성엔 물이 흘렀던 자국도 있어. 반면, 금성은 두꺼운 이산화탄소 대기로 이루어져 표면이 잘 보이지

화성 표면

않아. 그렇다고 금성이 기체 행성이란 말은 아냐. 베네라 13호가 찍어온 사진을 보면, 금성 표면 역시 운석 구덩이가 있는 고체 행성임을 알 수 있어. 이처럼 지구형 행성은 크기가 작지만 딱딱한 고체 행성이라 밀도가 크다는 공통점이 있어.

목성형 행성은 기체 행성이야.

목성형 행성은 목성, 토성, 천왕성, 해왕성을 말해. 행성의 표면이 거대한 기체 덩어리이지. 목성형 행성들은 지구형 행성보다 크기가 훨씬 커. 목성은 지구의 11배가 넘고, 목성형 행성에서 가장 작은 해왕성도 지구의 3배 정도나 되거든. 목성형 행성의 표면은 수소, 헬륨 등 가벼운 기체로 되어 있어. 덩치가 큰 행성들이지만 밀도는 지구형 행성보다 훨씬 작지. 심지어 토성은 밀도가 0.7로 물 위에 띄울 수 있을 정도야.

목성

토성

천왕성

해왕성

아하! 개념

- 행성은 물리적 특징으로 지구형 행성, 목성형 행성으로 나뉜다.
- 지구형 행성은 표면이 딱딱하고 운석 구덩이가 많으며 밀도가 크다.
- 목성형 행성은 표면이 두꺼운 대기층이며 밀도가 작다.

답 : X, X, O

여름엔 태양과 지구의 거리가 가깝고, 겨울엔 멀다(X)

개념이는 사계절 중 겨울을 가장 좋아해. 왜냐하면 겨울엔 크리스마스가 있기 때문이야. 이번 크리스마스는 하얀 눈이 소복이 쌓인 화이트 크리스마스야!

마침 텔레비전에서는 전 세계인의 크리스마스 축제 모습을 방송하고 있었어. 그런데 호주에서는 크리스마스를 맞아 윈드서핑 축제가 열렸대. 세상에나! 이 장면을 본 개념이는 깜짝 놀라서 아빠께 여쭤 보았어.

"우리는 이렇게 추운데 같은 지구에 있는 저 나라는 더운 여름이라니, 어떻게 된 일이죠?"

개념이는 여름엔 지구가 태양에 가까워져서 덥고, 겨울엔 지구가 태양에서 멀어지니까 춥다고 생각했어. 그런데 아빠 말씀이 그건 개념이의 오개념이라는 거야. 태양과 지구의 거리 때문에 계절이 생기는 것이 아니라는데…… 그럼 계절이 어떻게 생기는지 알아보자.

나의 오개념을 체크해 보자 

우리나라가 겨울이면 다른 나라도 모두 겨울이야. ○ ✕

계절은 태양과 지구 사이의 거리에 따라 달라져. ○ ✕

여름엔 해가 높이 뜨고, 겨울엔 해가 낮게 떠.

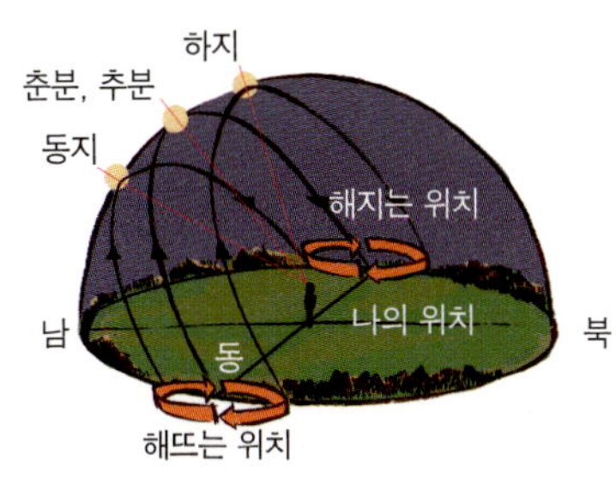

계절별 해 뜨는 위치

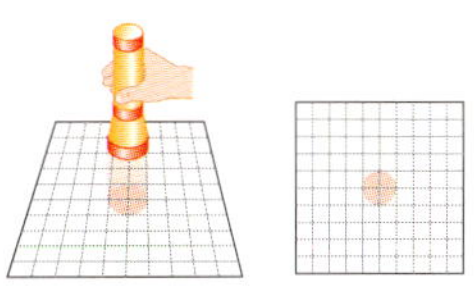
손전등을 수직으로 비출 때

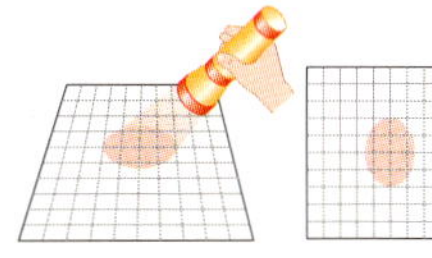
손전등을 비스듬히 비출 때

우리나라는 사계절이 뚜렷해. 여름이면 태양이 머리 위 높이까지 올라와 낮의 길이가 길고, 겨울엔 태양이 낮게 뜨고 낮의 길이가 짧지.

또, 태양이 높이 뜨는 여름엔 기온이 높고, 태양이 낮게 뜨는 겨울엔 기온이 낮아. 그건 태양이 떠 있는 위치와 기온이 관련이 있기 때문이야. 예를 들어 생각해 볼까? 오른쪽 그림과 같이 손전등을 수직으로 비추면 비치는 면적이 작은 대신 면적 당 받는 빛의 양이 많아. 그러나 손전등을 비스듬히 비추면 비치는 면적이 넓어서 면적 당 받는 빛의 양이 적어. 마찬가지로 태양이 머리 위에 떠 있는 여름에는 지표면이 받는 에너지의 양이 많아 기온이 높아져.

지구는 23.5° 기울어져 공전해.

계절마다 태양이 뜨는 높이가 달라지는 이유는 무엇일까? 지구는 자전축을 중심으로 23.5° 기울어져 있어. 이 상태에서 자전과 공전을 하지. 계절에 따라 태양이 뜨는 높이가 달라지는 것은 바로 자전축이 기울어진 채 **공전**을 하기 때문이야. 만일 지구가 자전축을 중심으로 기울어지지 않았다면 태양빛을 받는 각도가 일정하기 때문에 계절의 변화도 생기지 않게 돼. 지구의 위치에 따라 태양빛을 받는 각도가 달라지거든.

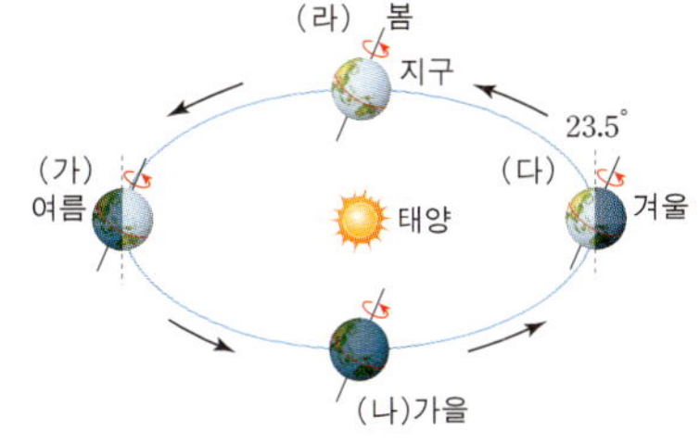

오른쪽 그림에서 지구가 (가)일 때 우리나라는 태양빛을 받는 각도가 커서 여름이고, 반대로 (다)일 때 겨울이야. 하지만 남반구에 있는 호주는 우리나라와 반대가 되지.

아하! 개념

- 태양이 높이 뜨는 여름에 기온이 높고, 낮게 뜨는 겨울에 기온이 낮다.
- 지구가 자전축을 중심으로 23.5° 기울어져 공전하기 때문에 계절이 생긴다.
- 남반구에 있는 나라는 우리나라와 계절이 반대이다.

답 : X, X

28 매일 낮 12시에 태양은 남중한다(X)

호랑이가 담배 피우던 시절, 호랑이 가문과 사자 가문은 더 이상 의미 없는 싸움을 멈추고 두 가문의 번영을 위해 서로의 자식들을 결혼시키기로 했어. 사자 가문에서는 결혼식 장소를 정하고 호랑이 가문에서는 시간을 정했지.

"결혼식 장소는 계룡산이야. 시간은 그 쪽에서 정하시게."

"그럼, 서로 편하게 결혼식은 다음달 1일 태양의 고도가 가장 높을 때(남중)로 하지."

약속한 결혼식 날, 호랑이 가문은 12시에 나와 사자 가문을 기다렸어. 남중할 때 고도가 최고가 되는 때는 항상 12시라고 생각했거든.

그런데 사자 가문은 한참이 지나고서야 도착했어. 왜 사자 가문과 호랑이 가문이 나온 시간이 달랐을까? 태양이 남중하는 시각 속에 숨은 비밀을 알아보자.

나의 오개념을 체크해 보자 

태양이 남중하는 시각은 지방마다 같아. ⭕ ❌

낮 12시에 태양은 내 머리 위에 있어. ⭕ ❌

태양이 남중하는 시각은 경도에 따라 달라.

태양이 뜨고 지는 것을 기준으로 하여 만든 하루의 시간을 태양시라고 해. 태양이 정남쪽에 위치해 고도가 가장 높은 때를 남중했다고 말하는데, 태양이 남중한 시각을 '정오, 낮 12시' 로 정하였어.

지구는 자전축을 중심으로 23.5° 기울어진 채 태양 주위를 타원형으로 돌아. 그래서 태양에 가까이 있을 때는 속도가 빠르고, 멀리 있을 때는 속도가 느려. 이처럼 지구의 운동 속도가 일정하지 않기 때문에 가상의 태양을 정했어. 그리고 그 태양이 남중한 시각을 기준으로 평균태양시를 만들었지. 그런데 지구의 자전 때문에 각 지방의 평균태양시는 그 지방의 **경도**에 따라 달라져. 예를 들어 독도에 태양이 남중하더라도 인천에서는 아직 태양이 남중하지 못하지. 그렇다고 해서 한 나라에서 다양한 시각을 사용할 순 없잖아. 그래서 특정 지방의 평균태양시를 표준시로 정했지.

우리나라는 현재 동경 135°의 지방평균시를 표준시로 정했어. 하지만 실제적으로 동경 135°인 지방에서 12시에 태양이 남중하는 경우는 일 년에 4번 정도밖에 안 돼. 우리가 사용하는 12시는 동경 135°에서 평균적으로 태양이 남중하는 시각인 셈이지.

경도 본초 **자오선**과 한 지점과의 각도를 의미한다. 본초 자오선을 기준으로 동서로 나눠 동경 180°, 서경 180°로 정하였다.

자오선 지구의 양 극을 연결한 큰 원으로 영국 그리니치 천문대를 지나는 자오선을 본초 자오선이라고 한다.

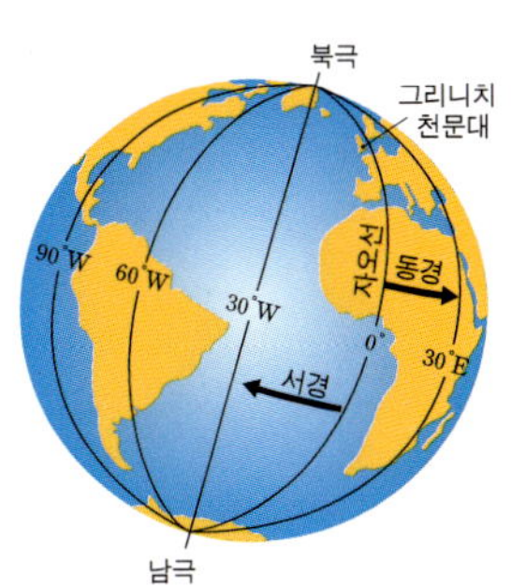

우리나라는 태양이 12시보다 늦게 남중해.

지구의 자전은 360°를 24시간 동안 돌므로, 1시간에 15°를 도는 거야. 즉, 경도 15° 차이는 한 시간 차이이지. 서울은 동경 127°야. 표준시의 기준인 동경 135°와 8° 차이가 나지. 그래서 평균태양시로 계산하면, 서울에 태양이 남중할 때는 32분이 늦게 돼. 하지만 실제 태양이 남중하는 시각은 매일 조금씩 달라져서 12시 15분부터 12시 45분 사이에 남중한다고 해.

아하! 개념

- 지구의 운동 속도가 일정하지 않아 가상의 태양을 기준으로 평균태양시를 정했다.
- 우리나라는 동경 135° 지방평균시를 표준시로 채택하였다.
- 각 지방마다 경도에 따라 태양이 남중하는 시각이 다르다.

답 : X, X

시험에서 속기 쉬운 오개념

1 대기권은 기온에 따라 대류권, 성층권, 중간권, 열권으로 나눕니다. 위로 갈수록 기온이 낮아지는 층을 모두 쓰시오.

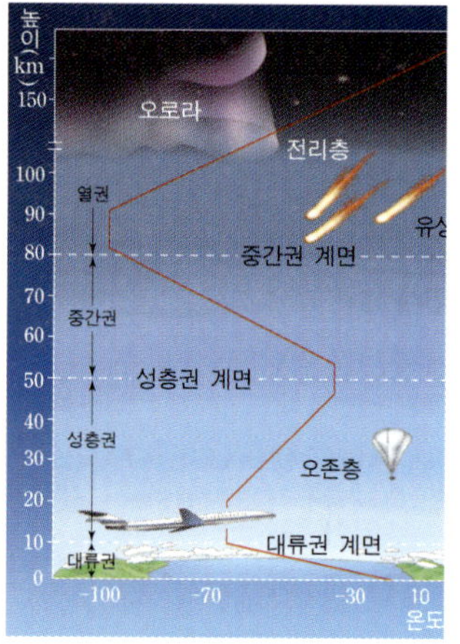

(   )

2 다음 대기압에 대한 설명으로 옳은 것을 모두 고르시오. (   )

① 1기압보다 높으면 고기압이다.

② 1기압보다 낮으면 저기압이다.

③ 공기는 고기압에서 저기압으로 이동한다.

④ 대기압이란 공기의 무게 때문에 생기는 공기의 압력이다.

⑤ 주위보다 기압이 높으면 고기압, 주위보다 기압이 낮으면 저기압이다.

3 다음 (   )안에 들어갈 알맞은 말을 쓰시오.

> 조석은 해수면의 높이가 오르고 내리는 현상으로 지구와 (㉠) 사이에 잡아당기는 힘, 그리고 작기는 하지만 지구와 태양 사이에 잡아당기는 힘에 의해 일어난다. 해수면이 가장 높을 때는 (㉡), 가장 낮을 때를 (㉢)라고 한다.

㉠(   ), ㉡(   ), ㉢(   )

오개념 20

4 다음 극지방에 대한 설명으로 옳은 것을 모두 고르시오. (   )

① 북극은 남극보다 더 춥다.
② 남극과 북극의 여름은 항상 같은 시기이다.
③ 남극은 대륙으로 둘러싸인 해양이고, 북극은 대륙이다.
④ 남극은 남위 60° 남쪽 지역을, 북극은 북위 60° 북쪽 지역을 말한다.
⑤ 극지방에는 24시간 내내 낮인 시기가 있고, 24시간 내내 밤인 시기도 있다.

오개념 22

5 다음 (   )안에 들어갈 알맞은 말을 쓰시오.

> 지진은 발생하는 지역에 따라 두 가지로 나눌 수 있다. 일본과 같이 판과 판 경계에서 발생하는 지진을 (㉠   ) 지진이라고 하고, 우리나라와 같이 판의 내부에서 발생하는 지진을 (㉡   ) 지진이라고 한다.

㉠(   ), ㉡(   )

오개념 23

6 다음 중 달에 대한 설명으로 옳지 <u>않은</u> 것을 모두 고르시오. (   )

① 달에는 물과 공기가 없다.
② 달에는 운석 구덩이가 많다.
③ 달에서는 풍화와 침식 작용이 전혀 일어나지 않는다.
④ 달에서는 지구에서보다 별똥별(유성)이 더 잘 보인다.
⑤ 달은 대기가 없기 때문에 우주에서 날아오는 입자들의 충돌을 많이 받는다.

7 다음 중 천체에 대한 설명으로 옳지 <u>않은</u> 것은 어느 것입니까? (   )

① 태양계에서 별은 태양밖에 없다.

② 금성은 밤하늘에서 가장 반짝이는 별이다.

③ 우리가 눈으로 볼 수 있는 행성은 5개이다.

④ 천문학에서 별은 스스로 빛을 내는 항성을 말한다.

⑤ 별은 반짝반짝 빛나고, 행성은 반짝임이 거의 없다.

8 행성은 물리적인 특징으로 지구형 행성과 목성형 행성으로 나눌 수 있습니다. 지구형 행성과 목성형 행성의 특징을 나타낸 표의 빈칸을 채우시오.

	반지름	질량	밀도	표면	위성의 수
지구형 행성	작다.	작다.	㉠	㉡	적다.
목성형 행성	㉢	크다.	작다.	두꺼운 대기층	많다.

㉠(   )

㉡(   )

㉢(   )

9 다음 중 계절이 생기는 이유에 대한 설명으로 옳은 것은 어느 것입니까? (   )

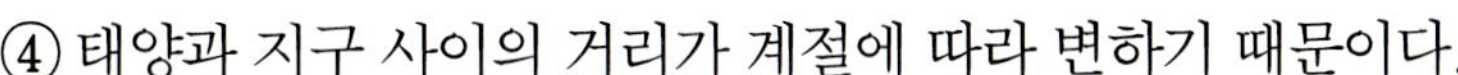

① 지구가 자전하기 때문이다.

② 지구가 공전하기 때문이다.

③ 지구의 자전축이 23.5° 기울어져 있기 때문이다.

④ 태양과 지구 사이의 거리가 계절에 따라 변하기 때문이다.

⑤ 지구의 자전축이 23.5° 기울어져 태양 주위를 공전하기 때문이다.

10 다음 중 표준시에 대한 설명으로 옳지 <u>않은</u> 것은 어느 것입니까? (   )

① 태양이 남중한 시각을 정오, 낮 12시로 정한다.

② 서울과 울산에서 태양이 남중하는 시각은 다르다.

③ 우리나라와 일본은 같은 표준시를 사용하여, 시차가 없다.

④ 우리나라는 일본의 수도, 동경(도쿄)의 지방시를 표준시로 사용한다.

⑤ 한 지방에서도 태양이 실제적으로 남중하는 시각은 조금씩 차이가 있다.

요개념

물질

29 공기는 용액이 아니다(X)

오늘은 오개념 기자가 마을 축제에 나가 있다고 합니다. 오개념 기자를 불러보도록 하지요. 오개념 기자~

"네, 아울북 방송에 오개념 기자입니다. 저는 지금 마을 축제의 하이라이트인 「최고의 용액을 찾아라!」 행사장에 나와 있습니다. 지금 소금물, 설탕물 등이 행사장으로 입장하고 있는데요. 아니 저건 뭡니까? 공기 아닙니까? 정말 기가 막힐 노릇입니다. 공기가 용액 행사에 나오다니요. 어떻게 된 일인지 공기를 만나보도록 하겠습니다."

"모두들 날 가로막고 있고, 나도 용액일 뿐이고! 나도 행사장에 참석하고 싶고!"

"네, 공기가 무척 억울해하고 있군요. 공기가 자신도 용액이라고 하는데 어떻게 된 일일까요? 공기는 최고의 용액을 찾는 행사에 참석할 수 없는 걸까요? 용액에 대해 알아봐야 할 것 같습니다."

나의 오개념을 체크해 보자 

용액은 액체야.	◎ ✖
물은 용액이야.	◎ ✖
용액은 두 가지 이상의 물질이 섞여 있는 거야.	◎ ✖

오개념 탈출 용액의 상태

기체 상태의 용액도 있어.

용액의 '액' 자 때문에 액체 상태의 물질만 용액이라고 오해하는 경우가 많아. 하지만 용액이란 두 가지 이상의 순수한 물질이 균일하게 섞여 있는 혼합물을 말해. 물질의 상태와 관계없이 말이야. 고체와 고체, 액체와 액체, 기체와 기체, 고체와 액체, 액체와 기체 등 두 가지 이상의 물질이 서로 섞여 있다면 용액이라고 말할 수 있지.

공기는 78%의 질소, 21%의 산소, 그 밖에 아르곤, 이산화탄소 등의 기체가 균일하게 섞여 있는 혼합물이야. 그러니 당연히 용액이라고 할 수 있어.

도시 가스에 가스 누출을 쉽게 알 수 있도록 냄새 성분을 혼합하는 것도 기체 상태의 용액이야.

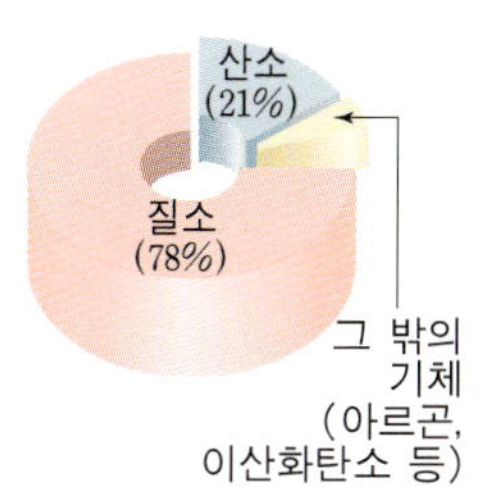

공기의 성분비

고체 상태의 용액도 있어.

공기가 기체 상태의 용액이라면 합금은 고체 상태의 용액이야. 합금은 각 금속의 성분이 어느 부분이나 일정한 혼합물이므로 용액이라고 할 수 있어. 고체 상태의 용액인 합금의 종류에는 아말감, 18K, 스테인리스 등이 있어.

아말감은 치과에서 충치 치료 후에 사용하는 물질이야. **수은**에 은과 소량의 다른 금속을 녹인 용액이지. 납, 주석, 비스무트의 혼합으로 만들어진 아말감은 거울의 뒷면에 칠하여 빛을 반사시키는 데 이용하기도 해.

18K나 14K는 반짝반짝 빛나는 반지나 목걸이를 만들 때 사용하는 용액이야. 18K에는 약 78%의 금과 기타 금속이 균일하게 혼합되어 있어. 그 밖에도 냄비나 수저 등을 만드는 데 쓰이는 스테인리스도 철에 니켈이나 크롬 등을 혼합한 합금이야.

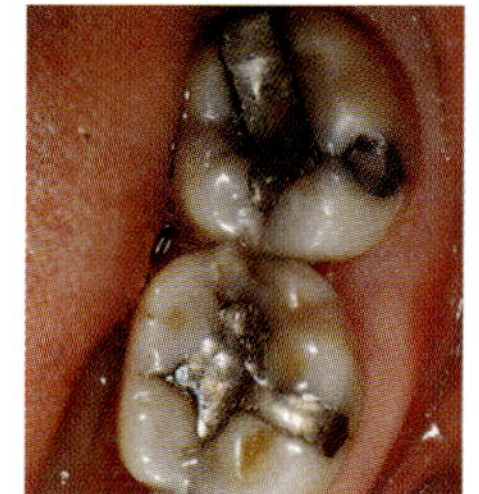
충치 치료에 쓰인 아말감

수은 상온(약 15℃)에서 유일하게 액체 상태로 있는 은백색의 금속 원소로 독성이 있고, 어떤 금속과도 쉽게 합금을 이룰 수 있다.

아하! 개념

- 용액이란 두 가지 이상의 물질이 균일하게 섞여 있는 혼합물이다.
- 공기는 질소, 산소, 그 밖의 여러 가지 기체가 균일하게 섞여 있는 용액이다.
- 아말감, 18K, 스테인리스는 고체 상태의 용액이다.

답 : X, X, O

설탕물의 아랫부분이 가장 달다(X)

백설공주가 살아 있다는 사실을 알게 된 왕비는 또 다른 계략을 꾸몄어. 독이 든 사과를 이용해 직접 백설공주를 없애기로 했지. 왕비는 빨갛게 잘 익은 사과와 독이 든 용액을 준비했어.

"이제 이 독을 사과에 바르기만 하면…… 크하하하하하!"

왕비는 백설공주가 없어질 생각에 기뻐서 크게 웃었어. 그리고는 독 중에서도 가장 강한 독을 사용하고 싶어서 용액에 붓을 깊숙이 집어넣었어.

"용액의 아랫부분일수록 독성이 강하겠지!"

왕비는 붓으로 독물을 찍어 사과에 바르기 시작했어.

그런데 왕비의 생각이 정말 맞는 걸까? 왕비는 용액의 성질에 대해 오개념을 가지고 있어. 두 가지 물질이 고르게 섞여 있는 용액은 어떤 성질을 가지는지 알아보자.

나의 오개념을 체크해 보자 

설탕물의 아랫부분이 가장 달아.　　　　◎ ✖

물의 온도가 일정해도 시간이 지나면 설탕이 아래쪽에 가라앉아.　　　　◎ ✖

설탕물의 단 정도는 어느 부분이나 같아.

설탕이 물에 녹는 것처럼 어떤 물질이 다른 물질에 녹아 들어가는 현상을 용해라고 해. 용해라는 것은 두 물질이 고르게 섞이는 현상이지. 설탕은 물에 넣으면 눈에 보이지 않을 정도로 작은 설탕 분자로 나누어져. 그러면서 물 분자와 고르게 섞이게 되지. 설탕 분자와 물 분자가 모두 섞이면 설탕이 더 이상 보이지 않을 뿐만 아니라 설탕물의 어느 부분이든 단 정도가 같아져. 물 분자와 설탕 분자가 고르게 섞여 있기 때문이야. 이때 설탕물을 가만히 놓아두어도 설탕은 다시 아래로 가라앉지 않아.

물에 설탕을 계속 넣으면 녹지 않고 가라앉는 설탕이 생겨.

그렇다면 설탕은 계속해서 녹을 수 있을까? 일정한 온도의 물에 설탕을 계속 넣으면 밑에 녹지 않고 가라앉는 설탕이 생겨. 이것은 일정한 온도에서, 일정한 양의 물에 녹을 수 있는 설탕의 양이 한정되어 있기 때문이야.

어떤 온도에서 **용매** 100g 속에 최대로 녹을 수 있는 **용질**의 g수를 용해도라고 해. 용해도는 물질에 따라 달라. 예를 들어 20℃의 물 100g에는 최대 211.5g의 설탕이 녹을 수 있지만, 소금의 녹는 양은 36g 정도밖에 되지 않아.

또한 오른쪽 그래프에서 알 수 있듯이 같은 물질이라도 물의 온도에 따라서 용해도는 달라져. 예외도 있지만 일반적으로 고체 물질은 온도가 높을수록 많이 녹아.

따라서 높은 온도에서 설탕을 최대로 녹였다가 설탕물을 식히면 밑에 설탕이 가라앉게 돼. 하지만 이때에도 어느 부분이나 설탕물의 단맛은 같아.

용매 용액의 매체가 되는 물질. 설탕물의 경우 물이 용매이다.

용질 용매에 섞여 들어가는 물질. 설탕물의 경우 설탕이 용질이다.

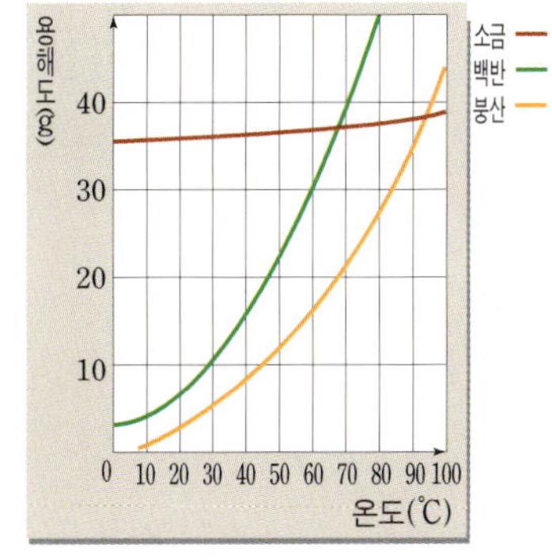

온도에 따른 여러가지 물질의 용해도

- 설탕이 물과 골고루 섞이므로 물의 어느 부분이나 설탕물의 단맛은 같다.
- 같은 양의 물에 녹는 물질의 양은 물질의 종류에 따라 다르다.
- 물의 온도가 높을수록 물에 녹는 설탕의 양은 많아진다.

답 : X, X

아하! 개념

물의 온도가 높을수록 기체가 더 많이 녹는다(X)

가가멜의 머릿속은 온통 스마프 생각뿐이야. 온종일 스마프를 골탕 먹일 방법만 연구하지.

한참을 고민하던 가가멜은 기발한 생각을 떠올렸어. 그건 바로 스마프들이 즐겨 마시는 탄산음료를 이용하는 거야. 스마프들에게 100배 더 톡 쏘는 음료를 만들어 유인하는거지. 스마프들이 음료를 마시고 트림을 하느라 정신없는 틈을 타서 그물로 덮치는 거야.

가가멜과 그의 조수 아주라엘은 신나게 음료를 만들었어. 톡 쏘는 맛은 이산화탄소 때문이니까, 그 맛을 더 강하게 하기 위해 이산화탄소를 더 많이 넣기로 했지. 물의 온도가 높을수록 설탕이 많이 녹았던 것처럼 이산화탄소를 더 많이 녹이기 위해 음료를 펄펄 끓였어. 과연 가가멜과 아주라엘은 100배 더 톡 쏘는 음료를 만들 수 있었을까?

나의 오개념을 체크해 보자 

이산화탄소는 물에 녹아. ◎ ✕

기체의 용해도는 온도에 비례해. ◎ ✕

모든 기체는 물에 녹아. ◎ ✕

기체는 낮은 온도의 액체에 더 많이 녹아.

온도가 높아지면 분자들은 더욱 활발해져서 낮은 온도에서보다 더 큰 운동 에너지를 가지게 돼. 그래서 온도가 높을 때 고체를 녹이면 분자들의 활발한 운동 에너지 때문에 더 많은 양의 고체가 골고루 섞이게 되지.

하지만 기체의 경우는 달라. 기체의 운동은 액체보다 매우 활발하기 때문에 기체를 액체에 녹이기 위해서는 기체의 운동을 오히려 액체와 비슷한 수준으로 늦춰야 해. 즉, 액체의 온도를 낮추어야 기체의 운동 속도가 낮아져 기체가 액체에 잘 녹을 수 있지.

물이 끓기 전에 기포가 생기는 것을 본 적이 있지? 이것은 수증기가 아니라 물속에 녹아 있던 산소나 이산화탄소 같은 기체야. 물의 온도가 높아짐에 따라 기체의 용해도가 낮아져서 발생하는 거지. 더운 여름철 상온(약 15℃)에 둔 탄산음료와 냉장고에 넣어둔 탄산음료의 뚜껑을 땄을 때, 상온에 있던 탄산음료에서 더 많은 거품이 나는 것도 바로 이 때문이야.

물이 끓기 전 생기는 기포

압력이 높을수록 기체는 더 많이 녹아.

기체의 용해도는 온도뿐만 아니라 압력의 영향을 받아. 압력이 높을수록 기체의 용해도는 증가하지.

탄산음료를 만들 때에도 높은 압력 상태에서 이산화탄소를 녹인 뒤 병에 담아야 해. 탄산음료의 병마개를 따는 순간 기포가 올라오는 것을 본 적이 있을 거야. 병마개를 따기 전, 병 속의 압력은 대기압보다 높은 상태였기 때문이야. 병마개를 따는 순간 압력이 대기압과 같아지기 때문에 녹아 있던 이산화탄소가 밖으로 나오게 된 것이지.

사이다의 기포

아하! 개념

- 기체는 액체의 온도가 낮을수록 더 많이 녹는다.
- 기체는 압력이 높을수록 더 많이 녹는다.
- 이산화탄소는 물에 녹는다.
- 탄산음료는 용액이다.

답 : O, X, X

산성을 띠는 물질은 모두 산성 식품이다(X)

만약에 김치가 없었더라면 무슨 맛으로 밥을 먹을까?

진수성찬 산해진미 날 유혹해도 김치 없으면 왠지 허전해

김치 없인 못 살아 정말 못살아~~

김치 주제가가 울려 퍼지는 이곳은 우수식품으로 선정된 김치의 시상식이 열리는 곳이야. 시상대에 오른 김치들은 자부심을 갖고 저마다 한마디씩 했지.

"이제야 사람들이 우리의 진가를 알아봤다니까."

"요즘 세계적으로 우리와 같은 발효 식품에 대한 관심이 높아졌대."

"우리 김치에 대한 연구도 더 활발해진다지 뭐야."

"그럼 산성 식품에 대한 인기도 높아지겠구나!"

그런데 혹시 김치들의 말 중에서 어색한 내용을 찾았니? 대부분의 산성 용액은 신맛을 내. 그러니 신맛을 내는 김치도 산성이겠지. 그렇다고 김치를 산성 식품이라고 말해도 괜찮을까?

나의 오개념을 체크해 보자 

산성을 띠는 물질은 모두 산성 식품이야.　　　　　　　　　　◎ ✖

염기성을 띠는 물질은 모두 알칼리성 식품이야.　　　　　　　◎ ✖

김치는 산성 식품이야.　　　　　　　　　　　　　　　　　　◎ ✖

딸기, 사과, 김치는 알칼리성 식품이다.

식품 자체가 가지고 있는 성질로 **산성**과 **알칼리성** 식품을 결정하지 않아. 우리 몸속에서 식품이 처리되는 과정에서 남은 성분이 어떤 성질이냐에 따라 결정되는 거야.

황, 인, 염소 등의 비금속 원소를 많이 함유한 식품은 대사 과정에서 각각 황산, 인산, 염산과 같은 산성 물질을 형성해. 그래서 산성 식품이라고 하지. 산성 식품으로는 계란노른자, 귀리, 현미, 참치, 오징어, 치즈, 버터, 맥주 등이 있어.

나트륨, 칼륨, 마그네슘, 칼슘 등의 금속 원소를 많이 함유한 식품은 알칼리성 식품이라고 해. 알칼리성 식품으로는 미역, 강낭콩, 표고버섯, 콩, 당근, 양파, 바나나, 딸기, 사과, 김치 등이 있지.

산성 식품은 음식의 신맛과는 상관이 없어. 식초는 강한 신맛을 내어 그 자체로는 산성을 띠지만 우리 몸속에서는 알칼리성으로 작용하기 때문에 알칼리성 식품이야.

산성 식품

알칼리성 식품

혈액의 pH는 식품에 따라 변하지 않는다.

건강한 사람의 혈액은 pH 7.3~7.4인 약알칼리성이야.

혈액의 pH는 산성 또는 알칼리성 식품을 다량 섭취해도 거의 변하지 않아. 왜냐하면 혈액은 자체 완충 능력(pH를 일정하게 유지시키는 능력)을 갖고 있기 때문이야.

하지만 불균형한 식습관은 좋지 않아. 적절한 pH를 유지하기 위해 우리 몸이 필요 이상의 노력을 해야 하니까 말이야. 그러니 뭐든 골고루 먹는 것이 좋아.

아하! 개념

- 우리 몸속에서 식품이 처리되는 과정에서 남는 성분에 따라 산성 식품과 알칼리성 식품이 결정된다.
- 산성 식품은 비금속 원소, 알칼리성 식품은 금속 원소를 많이 함유한 식품이다.
- 우리 몸의 pH는 거의 일정하게 유지된다.

답 : X, X, X

붉은, 푸른 리트머스 종이의 색깔을 변화시키지 않는 것은 중성 용액이다(X)

"여기는 줄다리기 대회가 열리는 메인스타디움입니다. 입구에 붉은 리트머스 종이와 푸른 리트머스 종이로 만든 양탄자가 깔려 있습니다. 줄다리기 시합에 앞서 두 팀으로 나누는 경기부터 치르겠습니다. 붉은 리트머스 종이를 푸르게 변화시키는 용액은 '염기성팀', 푸른 리트머스 종이를 붉게 변화시키는 용액은 '산성팀'으로 나뉠 것입니다.

선수들이 입장하네요. 선수들이 양탄자를 밟을 때마다 여기저기 선명하게 발자국이 남습니다. 자, 우유 선수가 등장했습니다. 양탄자를 밟고 지나가네요. 앗! 그런데 양탄자의 색깔이 변하지 않는군요. 응원석이 일순간 조용해지네요. 우유는 선수로 참가할 수 없는 건가요?"

경기 해설위원의 말대로라면 우유는 산성도 아니고 염기성도 아니라는 뜻인데, 그게 정말일까?

나의 오개념을 체크해 보자

우유는 중성 용액이야.　　　　　⭕ ❌

리트머스 종이는 용액의 성질을 정확하게 판단할 수 있어.　　　　　⭕ ❌

리트머스 종이는 지시약이야.　　　　　⭕ ❌

우유는 산성 용액이야.

산성 용액은 푸른 리트머스 종이를 붉게 변화시키고, 염기성 용액은 붉은 리트머스 종이를 푸르게 변화시켜. 그런데 푸른 리트머스 종이는 pH가 5.0 이하일 때만 붉은색으로 변하고, 붉은 리트머스 종이는 pH가 8.0 이상일 때만 푸른색으로 변해. 우유의 pH는 6.8정도라서 리트머스 종이의 색깔을 변화시키지 않는 범위에 있지. 그래도 우유는 산성 용액이야.

지시약으로 많이 이용되는 페놀프탈레인 용액은 pH가 8.3~10.0일 때에만 색깔이 붉게 변해. 그렇기 때문에 페놀프탈레인 용액은 8.3 이하의 약염기성이나 10.0보다 높은 강염기성의 지시약으로는 사용할 수 없어. 그러므로 '페놀프탈레인 용액의 색을 붉게 변화시키는 것은 염기성 용액이다.' 라고 할 수는 있지만 '페놀프탈레인 용액의 색을 붉게 변화시키지 않는 것은 염기성이 아니다.' 라고 할 수는 없어.

> **지시약** 산성과 염기성 용액을 구분할 수 있는 지시약에는 리트머스 종이, 페놀프탈레인 용액, BTB, 메틸오렌지 등이 있다.

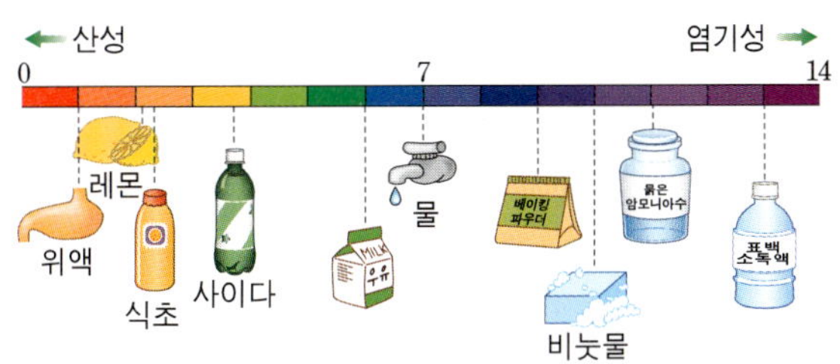

pH는 용액의 산성과 염기성의 정도를 나타내.

pH는 수소 이온 농도의 값으로, 0~14의 숫자로 나타내. pH 7 이하의 용액은 산성 용액, pH 7 이상인 용액은 염기성 용액이라고 하지. 순수한 물인 증류수는 pH 7로 중성이야.

수소 이온의 농도는 pH 0인 용액이 가장 높아. pH 5인 용액은 pH 7인 용액보다 수소 이온의 농도가 약 100배 더 진한 걸 의미해. 또한 pH 8인 용액보다는 1000배 더 진하다는 거지.

아하! 개념

- 리트머스 종이는 pH가 5.0이하, 8.0이상일 때만 색깔이 변한다.
- 페놀프탈레인 용액은 pH가 8.3~10.0일 때 붉은색으로 변한다.
- pH는 수소 이온 농도의 값으로 산과 염기의 정도를 나타내는 척도로 이용된다.

답 : X, X, O

묽은 염산에 물을 많이 넣으면 중성 용액이 된다(X)

산성 용액 가문의 둘리엣과 염기성 용액 가문의 너미오는 서로 사랑하는 사이야. 하지만 두 가문은 원수지간이므로 마음놓고 만날 수가 없었지. 오랜 고민 끝에 너미오는 둘리엣을 찾아가 제안을 했어.

"난 당신과의 사랑을 위해 가문을 버리기로 했소. 난 당신과 함께 중성 나라로 가려고 하오. 그래서 중성이 되려고 아침부터 물만 먹고 있소. 둘리엣, 당신도 나와 뜻을 함께 해주지 않겠소?"

"오, 너미오. 정말 물만 먹으면 중성이 될 수 있나요? 그렇다면 나도 당신의 뜻을 따르겠어요. 당신과 함께 이곳을 떠나 중성 나라로 갈 수 있다면 무엇이든 하겠어요."

이렇게 둘은 중성 용액이 되기 위해 물만 먹기 시작했지. 그런데 정말 산성 용액과 염기성 용액에 물을 넣으면 중성 용액이 될까?

나의 오개념을 체크해 보자 

산성 용액에 물을 넣으면 중성이 돼.　　　　　◎ ✖

염기성 용액에 물을 넣으면 중성이 돼.　　　　　◎ ✖

산성 용액과 염기성 용액이 적당히 섞이면 중성 용액이 돼.　　　　　◎ ✖

물리적 변화로는 물질의 성질이 변하지 않아.

물질의 변화에는 화학적 변화와 물리적 변화가 있어. 화학적 변화는 물질을 구성하는 원자들의 결합이 변해서 처음의 물질과 다른 물질이 되는 변화를 말해. 따라서 화학적 변화가 일어나면 물질의 성질이 달라지지. 철이 녹스는 것처럼 말이야.

반면 물리적 변화는 물질의 고유한 성질을 유지하면서 그 상태만 변화하는 것을 말해. 그러니 물질의 성질은 변하지 않지. 물이 수증기가 되거나 얼음이 되는 물질의 상태 변화와, 물에 소금이 녹는 용해 현상처럼 말이야. 그러므로 산성 용액인 묽은 염산에 물을 계속 넣는다고 해서 중성 용액이 되지는 않아.

산성과 염기성 용액이 알맞게 섞이면 중성이 돼.

산성 용액인 묽은 염산을 중성 용액으로 만들려면 염기성 용액을 알맞게 섞으면 돼. 산과 염기가 만나면 산의 수소 이온(H^+)과 염기의 수산화 이온(OH^-)이 반응하여 물(H_2O)과 함께 염(소금)이 생성되는데, 이 현상을 중화 반응이라고 해.

중화 반응은 일상 생활에서 다양하게 이용돼. 벌레에 물렸을 때 암모니아수를 바르는 것은 벌레의 독이 산성이므로 염기성인 암모니아수로 중화를 하는 것이지. 또, 속이 쓰릴 때 제산제를 먹는 것은 산성인 위액을 염기성인 제산제로 중화하는 거야. 생선에 나는 비린내는 아민이라는 염기성인데, 여기에 산성인 레몬즙을 뿌리면 중화되어 비린내가 없어져.

벌레 물린 데 암모니아수 바르기

속이 쓰릴 때 제산제 먹기

생선에 레몬즙 뿌리기

아하! 개념

- 산성 용액과 염기성 용액을 알맞게 섞으면 중성 용액이 된다.
- 산성 용액에 염기성 용액을 계속 넣으면 pH가 점점 증가하여 중성 용액을 거쳐 염기성 용액이 된다.
- 염기성 용액에 산성 용액을 계속 넣으면 pH가 점점 낮아져 중성 용액을 거쳐 산성 용액이 된다.

답 : X, X, O

잠수할 때 사용하는 산소통에는 산소만 들어 있다(X)

아버지의 눈을 뜨게 하기 위해 공양미 삼백 석에 팔려간 심청은 용왕과 결혼하게 되었어. 하지만 날이 갈수록 심청은 아버지가 그리워서 견딜 수가 없었지.

결국 심청은 용왕을 설득하여 산소통과 함께 용궁 약도를 아버지께 보냈어. 심청의 소식을 들은 심봉사는 산소통을 메고 한걸음에 바닷가로 달려갔지. 하지만 뺑덕어멈이 한사코 따라나서겠다고 떼를 쓰는 바람에 발목을 잡히고 말았어.

"내 얼른 다녀오리다. 산소통이 하나밖에 없으니 어찌하겠소." 심봉사가 설득했지만 뺑덕어멈은 계속 떼를 썼어.

"싫어요. 저도 가겠어요. 저기 용접하는 곳이 있던데 내 얼른 가서 용접용 산소통을 빌려오겠어요. 잠깐만 기다려요."

잠깐, 그런데 용접용 산소통 속의 기체를 그대로 마셔도 될까? 똑같은 산소이지만 왠지 불안해. 과연 심봉사는 뺑덕어멈을 말릴 수 있을까?

나의 오개념을 체크해 보자

공기 중에는 산소가 가장 많이 포함되어 있어.　　　　　○　✗

산소의 농도가 높을수록 신선한 공기야.　　　　　○　✗

산소는 우리에게 해를 끼치지 않아.　　　　　○　✗

산소를 지나치게 많이 들이마시면 우리 몸에 좋지 않아.

우리가 살아가기 위해서는 산소가 필요해. 공기 중에는 산소가 약 21% 포함되어 있기 때문에 우리가 살아가는 데 별 불편함을 느끼지 못해. 하지만 산소가 부족한 물속에 들어갈 때, 높은 산에 올라갈 때, **용접**을 할 때나 병을 앓고 있는 환자는 통에 산소를 모아 이용하지.

용접 산소와 수소를 2:1로 혼합하여 태우면 온도가 약 2500℃가 되어 금속을 자르거나 붙이는 데 이용된다.

그런데 산소통은 그 용도에 따라 산소의 농도가 달라. 용접에 쓰이는 산소통에는 거의 100%의 산소가 들어 있고, 잠수할 때에 쓰이는 산소통에는 공기와 비슷한 정도의 산소만 포함되어 있어. 또, 환자들에게 공급되는 산소통에는 100%의 산소가 들어 있지만, 나오는 양을 조절해서 적정량의 산소만 공급할 수 있게 되어 있어.

우리 몸에 산소가 꼭 필요하긴 하지만 산소를 지나치게 많이 들이마시면 몸에 무리가 갈 수 있어. 갓 태어난 신생아의 경우, 산소의 농도가 적절하지 못하면 시력을 잃을 수도 있다고 해.

용접할 때

물속에서 잠수할 때

산소는 좋기도 하고, 나쁘기도 해.

산소는 생활의 많은 부분에 이용되고 있어서 고마운 기체로 여겨지기 쉬워. 하지만 때로는 산소가 피해를 가져다주기도 해.

철 표면이 공기나 물에 접촉하면 녹이 생기지? 그때 산소는 철을 녹슬게 하는 원인이 돼. 그래서 철이 녹스는 것을 막기 위해 페인트칠

녹슨 못

사과의 갈변

이나 기름칠을 하는 거야. 또, 과일의 색깔을 갈색으로 변하게 하는 것도 산소 때문이야. 이런 것을 **갈변 현상**이라고 해.

아하! 개념

- 공기 중에는 산소가 21% 정도 포함되어 있다.
- 산소는 생명 활동에 중요한 역할을 하지만 산소로 인한 피해도 발생한다.
- 산소의 농도가 지나치게 높으면 우리 몸에 무리를 줄 수 있다.

답 : X, X, X

기체에 압력을 가하면 분자의 크기가 줄어든다(X)

우리 동네에 차력사가 왔어. 동네 아이들이 모두 모여서 차력을 구경했지. 이 차력사는 기체에 엄청난 힘을 줘서 기체 속 분자들의 크기를 줄여 보겠다지 뭐야. 신기하게 생각한 아이들은 옹기종기 모여서 눈을 말똥말똥 뜨고 지켜봤어.

이야아압! 차력사가 온힘을 다해 통의 덮개를 누르자 덮개가 서서히 아래로 내려가기 시작했어. 여기저기에서 박수를 치며 환호성을 질렀어.

"와, 진짜 대단하다. 어떻게 저럴 수가 있지?"

"아저씨 너무 대단해요. 아저씨 멋있어요."

차력사는 회심의 미소를 지었어. 그런데 정말 분자에 힘을 주면 크기가 작아질 수 있을까? 도대체 차력사는 어떻게 한 것일까? 차력사가 눈속임을 한 건 아닌지 알아보자.

나의 오개념을 체크해 보자

기체에 힘을 가하면 부피가 줄어들어. ⬡ ✖

기체에 힘을 가하면 분자의 크기가 줄어들어. ⬡ ✖

기체에 힘을 가하면 분자의 수가 줄어들어. ⬡ ✖

기체에 힘을 가하면 부피가 줄어들어.

기체에 힘을 가했을 때 부피가 줄어드는 이유는 기체가 연속적인 물질로 이루어진 것이 아니라 분자들 사이에 빈 공간이 많이 있기 때문이야. 이때 분자 사이의 공간으로 분자가 이동하거나 분자간의 거리가 줄어들기 때문에 부피가 줄어들지. 이것을 보고 분자의 크기가 줄어들었다고 생각하기 쉽지만 그렇지 않아. 기체에 가한 힘이 없어지면 부피는 원래대로 돌아와. 그러니 기체에 가한 힘과 부피는 반비례 관계지.

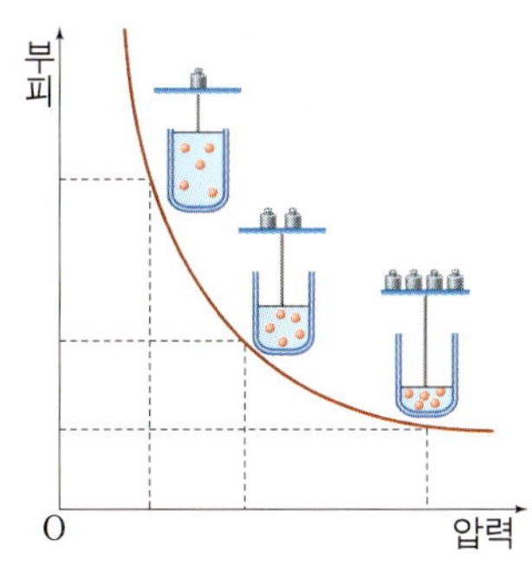

기체의 압력과 부피 사이의 관계

그럼 고체에 힘을 주면 어떻게 될까? 고체는 부피가 줄어들지 않아. 고체 물질을 이루는 분자 사이의 빈 공간이 거의 없기 때문이야. 빈 공간은 기체가 가장 크고 고체가 가장 작아. 그래서 동일한 힘을 주었을 때 기체에서 부피 변화가 가장 크고 고체에서 가장 작지.

그렇다면 기체에 가한 힘이 작아지면 어떻게 될까? 하늘로 올라간 풍선을 생각해 봐. 고도가 높아지면 공기의 양이 줄어들어. 그러면 공기가 누르는 힘인 기압도 낮아지겠지. 기압이 낮아지면 풍선 안의 기체의 부피는 점점 늘어나. 그러다가 풍선이 그 힘을 이기지 못하면 터져 버리지.

기체에 열을 가하면 부피가 늘어나.

기체의 부피는 압력의 영향만 받을까? 그렇지 않아. 기체의 부피는 온도의 영향도 받아. 온도가 높아지면 부피가 늘어나고, 온도가 낮아지면 부피가 줄어들어. 그러므로 기체의 부피는 온도와는 비례해.

기체뿐만 아니라 고체와 액체도 온도에 따라 부피가 달라져. 온도에 따른 부피의 변화 역시 기체가 가장 크고, 고체가 가장 작아.

아하! 개념

- 기체에 힘을 가하면 분자 사이의 간격이 좁아져서 기체의 부피가 줄어든다.
- 가하는 힘이 클수록 기체의 부피는 더 많이 줄어든다.
- 기체에 열을 가하면 부피가 늘어난다.

답 : O, X, X

물에 녹지 않는 기체만 물속에서 모을 수 있다(X)

"꼭꼭 숨어라 머리카락 보인다. 꼭꼭 숨어라 머리카락 보인다." 숲속 친구들과 이산화탄소가 숨바꼭질을 하고 있어. 메뚜기는 풀밭에 숨기로 했어. 풀밭 색깔과 몸 색깔이 비슷하니까 잘 못 찾을 거라고 생각했지. 자벌레도 서둘러 나뭇가지 위까지 올라갔어. 하지만 이산화탄소는 우왕좌왕, 안절부절 어디에 숨어야 할지 몰랐어.

"물속에 숨어 볼까? 아무도 내가 물속에 숨으리라 생각하지 않을 거야."

이산화탄소는 계곡의 바위틈에 끼어 몸을 움츠렸어.

"이제 찾는다." 술래가 친구들을 찾기 시작했어. 물가까지 왔지만 술래는 지나쳤지. 이산화탄소는 웃음이 나와서 참을 수가 없었어. 그때 이산화탄소는 자신이 서서히 물속으로 녹아들어 가는 것을 느꼈어.

"이상하다. 나를 모을 때 물속에서 한다기에 난 물에 잘 안 녹을 줄 알았는데……." 물에 녹는 이산화탄소를 어떻게 물속에서 모을 수 있을까?

나의 오개념을 체크해 보자 

이산화탄소는 물에 녹아.	⭕ ❌
산소는 물에 녹아.	⭕ ❌
물에서 모으는 기체는 물에 녹지 않아.	⭕ ❌

이산화탄소와 산소는 물에 녹아.

공기보다 가벼운 기체는 **상방치환**, 공기보다 무거운 기체는 **하방치환**, 그리고 물속에서는 **수상치환**으로 기체를 모아.

상방치환

하방치환

수상치환

색깔이 없는 기체를 상방치환이나 하방치환으로 모을 경우, 기체가 모아진 정도를 눈으로 확인할 수 없어. 이때는 수상치환법을 이용해. 기체가 모아지는 것을 눈으로 확인하기 위해서 말이야. 산소와 이산화탄소를 물속에서 모으는 것도 같은 이유야.

그렇다면 산소와 이산화탄소는 물에 녹지 않을까? 산소가 물에 녹지 않는다면 물속에서 금붕어가 살 수 없을 거고, 이산화탄소가 물에 녹지 않는다면 탄산음료를 만들 수 없겠지. 물에 녹지 않아서가 아니라 물에 녹는 양이 적기 때문이야. 그러니 물에 녹지 않는 기체만 물속에서 모을 수 있다고 생각하는 것은 잘못인 거야.

이산화탄소는 산소보다 물에 더 잘 녹아.

기체는 종류에 따라 물에 녹는 정도가 달라. 이산화탄소는 산소보다 물에 많이 녹지. 기체는 온도가 낮을수록, 압력이 높을수록 많이 녹기 때문에 기체가 물에 녹는 정도는 온도와 압력을 같게 한 다음 비교해.

20℃ 1기압에서 100g의 물에 이산화탄소는 0.17g, 산소는 0.0031g 정도 녹아. 이와 같이 산소가 물에 녹는 정도는 매우 적어. 그러므로 공기와의 접촉이 적은 깊은 바다 속에는 산소가 거의 없겠지.

아하! 개념

- 공기보다 가벼운 기체는 상방치환으로, 공기보다 무거운 기체는 하방치환으로 모은다.
- 물에 녹는 정도가 적은 기체는 물속에서 수상치환으로 모을 수 있다.

답 : O, O, X

오개념 38 헬륨 기체를 마시면 성대를 자극하여 목소리가 높아진다(X)

인어나라에는 해마다 목소리 경연 대회가 열려. 올해에도 참가하는 많은 인어들이 저마다 아름다운 목소리를 내기 위해 온갖 노력을 했지. 위험을 무릅쓰고 육지로 나가 달걀을 얻어 오는 인어는 물론, 성대 수술까지 하는 인어도 있을 정도였어. 워낙 목소리에 대해 관심이 높다보니 목소리를 잃은 인어공주 이야기는 단연코 최고의 화제가 되었어.

"임금님의 일곱 번째 공주 애리얼이 높은 소리를 내기 위해 헬륨 기체를 마셨다지 뭐야."

"응, 그렇대. 그런데 너무 많이 마셨는지 성대에 문제가 생겨서 목소리를 잃었대."

"아니야. 공주님은 다리를 얻기 위해 목소리를 판 거라던데?"

인어공주에 대한 소문은 그칠 줄 몰랐어. 그런데 헬륨 기체를 마시면 목소리가 변한다는 게 사실일까? 그렇다면 그 이유는 무엇일까?

나의 오개념을 체크해 보자

헬륨 기체를 머금고 이야기를 하면 목소리가 높아져. ◎ ✗

헬륨 기체는 성대를 자극하기 때문에 몸에 해로워. ◎ ✗

소리의 속력은 항상 일정해. ◎ ✗

헬륨은 비활성 기체야.

헬륨은 대부분의 다른 원소와 반응하지 않는 **비활성 기체**야. 비활성 기체에는 헬륨(He), 네온(Ne), 아르곤(Ar), 크립톤(Kr), 크세논(Xe), 라돈(Rn) 등이 있어. 이들은 안정적이기 때문에 우리 주변 곳곳에 이용되고 있지.

네온은 전광판이나 형광등에, 아르곤은 전구의 **봉입** 기체에 이용돼. 또 잠수용 인공 공기에는 산소와 헬륨을 섞어서 쓰고 있어. 공기를 압축하여 쓰기도 하지만 공기 중에 많이 포함되어 있는 질소는 **잠수병**의 원인이 되기도 하기 때문에 산소와 비활성 기체인 헬륨을 이용하는 거야.

헬륨은 매우 가벼워서 기구나 비행선을 띄울 때에도 많이 이용하지. 예전에는 수소를 이용했지만 폭발성이 있기 때문에 안전을 위해 현재는 헬륨을 이용해.

비활성 기체 다른 원소와 잘 화합하지 못하는 기체. 공기 중에 소량 존재한다.

봉입 물체를 넣고 막는 것

잠수병 몸속의 질소가 혈액 속을 돌아다니며 통증을 일으키는 병

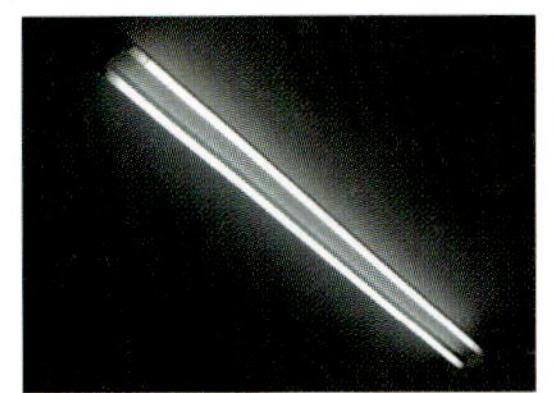
네온 - 형광등

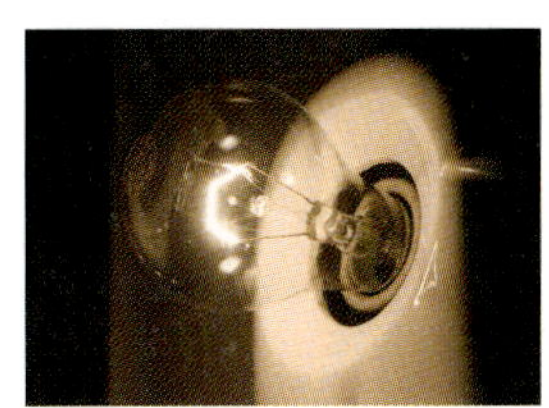
아르곤 - 전구의 봉입 기체

헬륨 - 비행선

헬륨 기체는 공기보다 가벼워.

헬륨은 비활성 기체이므로 우리 몸을 자극하지 않는데, 왜 헬륨 기체를 마시면 높은 목소리가 나는 것일까? 소리의 높낮이는 진동수와 밀접한 관계가 있는데, 헬륨은 공기보다 밀도가 낮기 때문에 소리의 속력이 더 빨라. 20℃ 공기 중에서 소리의 속력은 344m/초이고, 헬륨에서는 1006m/초야. 소리의 속력이 빨라지면 목에서 높은 진동수의 소리가 빠져나오지. 헬륨 기체를 마실 때 목소리가 변하는 이유는 헬륨이 성대를 자극해서가 아니라 공기에 비해 밀도가 작기 때문이라고 할 수 있어.

아하! 개념

- 헬륨은 공기보다 밀도가 낮다.
- 헬륨은 비활성 기체이다.
- 헬륨의 밀도가 공기보다 낮기 때문에 헬륨을 마시면 높은 소리가 난다.

답 : O, X, X

빵빵한 과자 봉지에 더 많은 과자가 들어 있다(X)

"휴, 너무 늦었네. 우리 개념이가 기다릴 텐데 빨리 가야지."

발걸음을 재촉하고 있는 어머니 앞에 커다란 호랑이가 입을 떡 벌리고 나타났어. 호랑이는 과자 한 봉지만 주면 안 잡아 먹는다며 으름장을 놓았지. 어머니는 과자 상자를 내밀었어. 호랑이는 봉지를 들었다 놨다 하더니 하나를 고르고는 사라졌어.

하지만 다음 고개를 넘는 순간 또다시 나타나서 과자 한 봉지를 달라는 거야. 어머니는 또 과자 상자를 내밀었어. 이번에도 호랑이는 또 과자 봉지를 들었다 놨다 하더니 하나를 골랐어. 어머니는 화가 나서 왜 그러냐고 따졌지.

그러자 호랑이는 "이왕 먹는 거 과자가 하나라도 더 들어 있는 과자 봉지를 골라야 할 것 아니오? 그래서 빵빵한 봉지를 찾는 건데 뭐가 잘못 됐소?"라며 오히려 더 큰소리를 치는 게 아니겠어? 과연 호랑이의 생각이 맞을까?

나의 오개념을 체크해 보자 

과자의 양을 속이기 위해 공기를 넣는 거야.　　　　　　　◎　✕

질소는 우리 몸에 해로워.　　　　　　　◎　✕

과자가 산화하는 것을 막기 위해 질소 기체를 넣는 거야.

빵빵한 과자 봉지 속에는 공기가 아닌 **질소**가 들어 있어. 질소는 공기의 78%를 차지하는 기체지. 과자의 양을 속이기 위해 질소를 넣는다고 생각할 수도 있지만 그건 잘못된 생각이야.

그렇다면, 과자가 부서지는 것을 막기 위해서라고? 그것은 반만 맞는 말이야. 단지 그것이 이유의 전부라면 질소가 아닌 공기를 채울 수도 있을 거야. 하지만 그렇게 하지 않는 이유는 무엇일까?

공기 중에 많이 포함되어 있는 산소는 반응성이 커. 그렇기 때문에 과자 봉지 안을 공기로 채우면 과자가 산화하거나 세균이 자랄 수 있어.

산화 어떤 물질이 산소와 결합하거나 수소를 잃는 것. 불에 타거나 녹이 스는 등의 반응을 말한다.

하지만 질소는 식품의 부패를 줄이고 오랫동안 신선도를 유지시켜 주며 식품 원래의 색깔을 유지하게 하지. 뿐만 아니라 비타민의 손실을 방지하고 향도 오래 유지시켜 줘. 게다가 가격도 싼 편이야.

자동차 에어백, 가스관 청소에도 질소가 이용돼.

과자 봉지 속 외에도 우리 주변에는 질소를 이용하는 경우가 많아. 자동차의 에어백에 넣는 기체가 질소야. 또, 전구 속의 필라멘트를 보호하기 위해 넣는 기체 중에도 질소가 들어 있어. 뿐만 아니라 가스관을 청소할 때도 질소가 이용돼.

에어백

질소는 영하 178℃ 이하가 되면 액체가 되는데, 질소를 영하 178℃ 이하로 냉각하여 액체가 된 것을 액체 질소라고 해. 액체 질소는 음식을 순간 냉동시킬 때 이용돼.

또, 질소를 다른 물질과 결합시켜 고체 상태로 만든 것은 비료의 원료로 이용된대.

아하! 개념

- 과자 봉지에 들어 있는 기체는 질소다.
- 질소 기체는 식품 포장, 기름 탱크나 과자 봉지의 충전제, 전구 속의 필라멘트 보호제 등으로 쓰인다.

답 : X, X

촛불의 가장 밝은 부분이 온도도 가장 높다(X)

개념이는 저녁 시간이 다가오자 점점 배가 고팠어. 수업이 끝나자마자 부리나케 집으로 뛰어갔지. 하지만 아직 저녁 식사가 준비되어 있지 않았어. 개념이는 빨리 먹자며 엄마를 재촉했지. 드디어 엄마는 가스 불에 삼겹살을 굽기 시작하셨어. 배가 고파서 성질이 급해진 개념이는 삼겹살이 구워지는 모습을 보고 말했지.

"엄마, 가스불이 파란색이에요. 그러니 삼겹살이 빨리 구워지지 않는 것 같아요. 파란색 불은 빨간색 불보다 온도가 낮잖아요. 아, 빨리 먹고 싶은데……."

개념이의 말을 들은 엄마가 말씀하셨이.

"개념아, 불 색깔이 빨갛다고 해서 온도가 높은 것이 아니야."

개념이 엄마가 하신 말씀이 무슨 뜻일까? 불은 보통 빨간색이잖아. 그래야 온도가 높을 텐데, 그렇지 않다니. 불의 색깔과 온도에 대해 알아보자.

나의 오개념을 체크해 보자 

붉은색보다는 푸른색 불꽃의 온도가 높아.   ◎ ✗

가장 밝은 속불꽃이 겉불꽃보다 온도가 높아.   ◎ ✗

불꽃의 색깔은 온도와는 관계가 없어.   ◎ ✗

촛불의 색깔과 온도

겉불꽃이 속불꽃보다 온도가 높아.

촛불을 자세히 관찰해 보면 불꽃의 색깔이 크게 세 부분으로 나누어지는 것을 알 수 있어. 심지 부근의 어두운 부분은 불꽃심, 주황색 또는 노란색으로 밝게 빛나는 부분은 속불꽃, 그리고 잘 관찰되지 않지만 가장 바깥쪽의 투명한 푸른색을 띠는 부분을 겉불꽃이라고 해. 불꽃심의 온도는 400~900℃ 정도, 속불꽃은 1200℃, 겉불꽃은 1400℃ 정도가 된다고 해. 촛불의 온도도 생각보다 꽤 높지?

촛불의 구조

촛불의 불꽃 색깔이 다른 이유는 산소와 관계가 있어.

불꽃의 색은 얼마나 많은 산소가 공급되는가에 따라서 결정돼. 산소가 충분히 공급되면 푸른색이 되고 그렇지 않으면 노란색을 띠어.

불꽃의 가장 바깥쪽에 있는 겉불꽃은 공기 중의 산소와 충분히 접촉하기 때문에 푸른빛을 띠는 거야. 그리고 산소가 충분히 있는 상태에서 **연소**되기 때문에 온도도 가장 높지. 그럼 겉불꽃보다 온도가 낮은 속불꽃이 가장 밝게 보이는 이유는 무엇일까? 속불꽃은 산소가 충분히 공급되지 않아서 기체가 된 파라핀을 **완전 연소**시킬 수가 없어. 이때 미처 타지 못한 파라핀은 미세한 **탄화수소**로 분해되지. 속불꽃이 밝은 노란색을 띠는 이유는 그을음(탄소 알갱이)이 불꽃에 의해 가열되어 빛을 내기 때문이야. 이것을 **불완전 연소**라고 하는데 등잔불, 캠프파이어, 산불 등의 색깔이 주황색인 것도 모두 불완전 연소되었기 때문이야.

가스 불을 켤 때는 불꽃 색깔을 확인해야 해. 불꽃 색깔이 푸른색이면 연소가 잘되는 것이니까 안전해. 하지만 불꽃의 색깔이 붉거나 어두운 경우는 공기의 양이 부족한 것이니까 공기의 양을 조절해 주어야 해.

연소 물질이 빛과 열을 내며 타는 현상

탄화수소 탄소와 수소로만 이루어진 화합물

완전 연소 산소가 충분히 있는 상태에서 연소되는 것을 말하며 이때는 물과 이산화탄소만 발생한다.

불완전 연소 물과 이산화탄소 이외에 그을음(탄소 알갱이)이 발생한다.

아하! 개념

- 촛불의 겉불꽃의 온도가 가장 높다.
- 촛불의 속불꽃의 밝기가 가장 밝다.
- 촛불의 불꽃의 색깔은 공급되는 산소의 양에 따라 달라진다.
- 물질이 빛과 열을 내며 타는 현상을 연소라고 한다.

답 : O, X, X

41 물에는 불을 끄는 성분이 있다(X)

꼬마 박사는 물을 이용해 불을 끄는 것을 보고 신기해했어. "와, 대단하다. 물은 어떻게 불을 끄는 걸까? 물에는 불을 끌 수 있는 어떤 성분이 있는 게 분명해." 꼬마 박사는 물속에서 불을 끄는 성분을 찾아내기 위한 연구에 돌입했지.

"물속의 어떤 성분이 불을 끄게 하는 걸까? 반드시 알아내고 말 거야."

세월이 흐르고 흘러 어느덧 꼬마 박사는 어른이 되었어. 그때까지도 포기하지 않고 연구를 계속했지. 어린 시절부터 꼬마 박사를 지켜본 할아버지는 죽기 전 꼬마 박사에게 아주 중요한 사실을 밝혔어.

"얘야. 너의 열정이 대단하여 이 할애비는 도저히 말을 할 수 없었단다. 하지만 이제는 말해야겠구나. 잘 들거라. 물에는 불을 끄는 성분이라는 것은 없……"

할아버지는 말씀을 흐리시곤 그만 숨을 거두셨어. 할아버지가 말씀하시려던 사실은 무엇이었을까?

나의 오개념을 체크해 보자 

모든 화재에 물을 이용할 수 있어.	◎ ✕
온도를 낮추면 불을 끌 수 있어.	◎ ✕
물질이 빛과 열을 내며 타는 현상을 연소라고 해.	◎ ✕

오개념탈출 연소와 소화의 조건

연소의 조건 중 한 가지만 없애도 불이 꺼져.

물질이 빛과 열을 내면서 타는 현상을 연소라고 해. 물질이 연소하기 위해서는 세 가지가 필요해. 첫째는 탈 물질, 둘째는 산소, 셋째는 **발화점** 이상의 온도야. 반대로 탈 물질이 없거나, 산소가 없거나, 발화점 이하의 온도가 된다면 소화가 되겠지.

발화점은 물질이 불에 타기 시작하는 온도를 말하는데 물질에 따라 달라. 고체의 경우는 물체의 모양에 따라서도 발화점이 달라지지. 불을 끄려면 연소의 세 가지 조건 중 한 가지만 없애면 돼. 예를 들어 산불이 났을 때 **맞불**을 놓는 것은 탈 물질을 없애기 위한 거야.

발화점 연소가 되기 시작하는 최저 온도

맞불 불이 타고 있는 방향의 맞은편에 마주 놓는 불

물은 주변의 온도를 낮춰 줘.

불이 났을 때 보통 물을 많이 뿌리는데, 그럼 물에는 불을 끄는 성분이 있는 걸까? 그렇다면 물과 소화는 무슨 관계일까? 불이 났을 때 물을 부으면 물이 증발하면서 주변의 열을 빼앗기 때문에 온도가 내려가. 즉, 발화점보다 온도가 낮아지기 때문에 불이 꺼지는 거야. 또, 물이 수증기가 되면서 산소를 차단해 주는 역할도 하게 되지. 그러므로 물에는 직접적으로 불을 끄는 성분이 있는 것은 아니야. 물이 주변의 온도를 낮춰 주기 때문인 거지.

화재의 원인에 따라 불을 끄는 방법이 달라.

모든 화재에 물을 사용할 수 있는 것은 아니야. 화재의 원인에 따라 불을 끄는 방법은 달라져. 목재, 종이, 섬유 등과 같이 연소 후 재를 남기는 화재에는 대개 물을 이용해서 불을 꺼. 하지만 연소 후 아무것도 남기지 않는 인화성 액체, 기체 등의 화재에는 소화기를 이용하거나 담요로 덮는 등 공기를 차단해서 불을 꺼야 해.

아하! 개념

- 연소의 조건은 탈 물질, 산소 공급, 발화점 이상의 온도다.
- 연소의 조건 중 한 가지만 제거해도 불이 꺼진다.
- 물을 부으면 온도가 낮아지고 공기가 차단되기 때문에 불이 꺼진다.

답 : X, O, O

촛농에도 불이 붙는다 (X)

며칠 후면 성에서 성대한 파티가 열려. 이번 파티를 위해 온 나라가 분주해. 이번에는 화려한 불꽃으로 성 전체를 장식할 계획이야. 그러기 위해선 알록달록한 예쁜 초들이 필요했지. 기대에 부푼 왕이 말했어.

"파티에 쓸 초는 다 만들었느냐? 향기 나는 초와 알록달록한 색깔 초로 화려하게 장식하라." 하지만 문제가 생겼어. 향기 나는 초는 이미 완성했지만 색깔 초를 아직 만들지 못했지 뭐야. 그 이유는 심지가 부족해서야. 이 말을 들은 왕이 말했지.

"심지 없이 만들도록 하라. 어차피 심지가 타는 것이 아니라 초인 파라핀이 타는 것이니 말이다." 왕의 말을 듣고 신하들은 서둘러 마무리 했어.

하지만 파티가 열리는 당일 정말 큰일이 벌어졌어. 심지가 없는 초에는 불이 붙지 않았던 거야. 심지가 타는 것도 아닌데 왜 초에 불이 붙지 않는 걸까?

나의 오개념을 체크해 보자

심지가 없어도 초에 불을 붙일 수 있어.   ◎ ✖

초의 파라핀은 일정한 온도 이상이 되어야 불이 붙어.   ◎ ✖

고체인 초와 촛농의 성분은 달라.   ◎ ✖

초는 파라핀 기체가 타는 증발 연소야.

양초는 파라핀으로 만들어졌어. 양초 심지에 불을 붙이면 그 열로 인해 파라핀이 녹아. 심지 밑에 초가 녹은 맑은 액체를 본 적 있지? 이것이 액체 파라핀이야. 이 액체 파라핀이 조금씩 심지 끝으로 올라가게 되는 거야. 심지 끝에 올라 온 적은 양의 액체 파라핀은 열에 의해 다시 기체가 돼. 그리고 그 기체가 연소해서 불을 밝히지. 심지가 없으면 액체 파라핀의 양이 조절되지 않기 때문에 기체로 변화하기가 힘들어. 때문에 심지가 없는 초에는 불을 붙일 수가 없지.

석유나 양초가 연소할 때와 같이 액체나 고체가 가열에 의해 증발하여 그 증기가 연소하는 것을 **증발 연소**라고 해.

초가 증발 연소를 하는 것은 실험을 통해서도 확인할 수 있어. 핀셋으로 가는 유리관을 잡고 한쪽 끝을 촛불 속에 넣으면 다른 쪽 끝으로 흰 연기가 나오는데, 이 연기에 불을 붙이면 불이 붙는 것을 볼 수 있어. 그 연기가 기체 파라핀이거든.

또 다른 실험으로도 확인할 수 있어. 오른쪽 그림과 같이 주위의 공기가 움직이지 않는 상황에서 조심스럽게 촛불을 끈 다음 재빨리 성냥불을 양초의 심지에서 2~3cm 가까이 가져가도 다시 불이 붙는 것을 볼 수 있어.

증발 연소

고체 표면에서 연소가 일어나는 것을 표면 연소라고 해.

고기를 구워 먹을 때 불꽃이 없지만 숯 표면이 붉게 타면서 뜨거운 열을 내는 것을 본 적이 있지? 숯과 같이 공기가 공급되는 고체나 액체의 표면에서만 연소가 일어나는 것을 **표면 연소**라고 해. 증발 연소나 표면 연소는 모두 외부에서 공기가 공급되어야 한다는 공통점이 있지.

표면 연소

아하! 개념

- 초는 기체가 된 파라핀이 타는 증발 연소다.
- 초가 연소하기 위해서는 외부에서 공기가 공급되어야 한다.
- 공기가 공급되는 고체나 액체의 표면에서 일어나는 연소를 표면 연소라고 한다.

답 : X, O, X

시험에서 속기 쉬운 오개념

1 다음 중 용액에 대한 설명으로 알맞은 것을 모두 고르시오. (   )

① 밀가루를 물에 녹이면 용액이 된다.
② 아말감, 18K와 같은 합금도 용액이다.
③ 고체, 액체, 기체 상태의 용액이 존재한다.
④ 사이다는 액체 속에 이산화탄소가 녹아 있으므로 용액이다.
⑤ 세 가지 이상의 물질이 고르게 섞여 있는 혼합물을 용액이라고 한다.

2 20℃와 60℃의 물에 더 이상 녹지 않을 때까지 각각 설탕을 녹였습니다. 어느 쪽의 설탕물이 더 단지 고르고, 그 이유도 함께 쓰시오.

____

____

____

3 다음 중 물의 온도와 용해도의 관계가 나머지와 <u>다른</u> 하나는 어느 것입니까?
(   )

① 소금　　　　　② 설탕　　　　　③ 붕산
④ 산소　　　　　⑤ 황산구리

4 다음은 여러 가지 용액의 pH입니다. 푸른 리트머스 종이의 색깔을 변화시키는 용액은 모두 몇 가지인지 쓰시오.

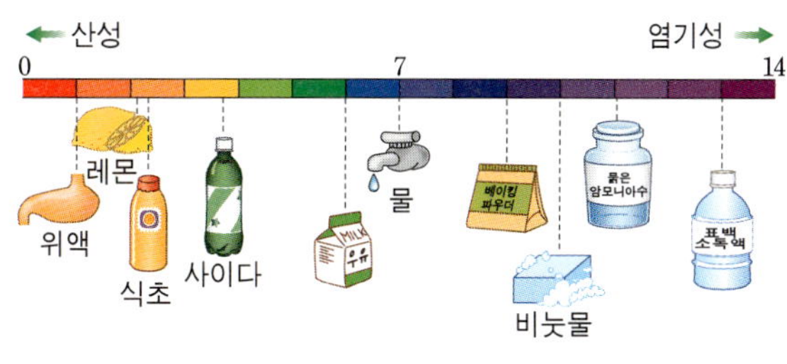

(   )가지

5 다음 중 묽은 염산과 섞었을 때 중성이 되는 것은 어느 것입니까? (   )

① 물 　　　　　② 우유 　　　　　③ 식초
④ 사이다 　　　　⑤ 베이킹파우더

6 하늘로 높이 올라간 풍선이 터지는 이유로 옳은 것은 어느 것입니까? (   )

① 기압이 높아져서 풍선이 늘어나기 때문에
② 기압이 높아져서 풍선 안의 공기 분자의 크기가 커지기 때문에
③ 기압이 낮아져서 풍선 안의 공기 분자의 수가 늘어나기 때문에
④ 기압이 낮아져서 풍선 안의 공기 분자의 크기가 커지기 때문에
⑤ 기압이 낮아져서 풍선 안의 공기 분자 사이의 간격이 늘어나기 때문에

7 기체를 모으는 방법에 대한 설명으로 옳지 <u>않은</u> 것은 어느 것입니까? (   )

① 암모니아와 염화수소는 물속에서 모을 수 없다.
② 산소와 이산화탄소는 상방치환으로 모을 수 있다.
③ 공기보다 무거운 기체는 하방치환으로 모을 수 있다.
④ 공기보다 가벼운 기체는 상방치환으로 모을 수 있다.
⑤ 색깔이 없는 기체를 물속에서 모으면 기체가 모아지는 정도를 눈으로 볼 수 있다.

8 헬륨 기체를 머금고 말을 할 때 목소리가 높아지는 까닭과 가장 관계 깊은 헬륨 기체의 성질은 어느 것입니까? (   )

① 맛이 없다.
② 색깔이 없다.
③ 냄새가 없다.
④ 비활성 기체다.
⑤ 매우 가벼운 기체다.

9 물을 이용하여 불을 끌 수 있는 이유와 관계있는 것을 모두 고르시오. (   )

① 탈 물질을 없앤다.
② 물이 온도를 낮춘다.
③ 수증기가 공기를 차단한다.
④ 물은 산소와 결합하지 않는다.
⑤ 물은 100℃ 이상이 되어야 기체가 된다.

10 다음은 초가 연소되기까지의 과정입니다. 초가 연소하기까지의 과정을 순서대로 쓰시오.

ㄱ 기체에 불이 붙는다.
ㄴ 열에 의해 기체가 된다.
ㄷ 심지에 붙은 성냥불에 의해 파라핀이 녹는다.
ㄹ 파라핀이 심지를 타고 올라간다.

(,   ,   ,   )

에너지

43 벼락이 칠 때 땅에 엎드리면 안전하다(X)

돼지 형제는 세상의 평화를 가져 올 반지를 지키기 위해 죽을 고비를 여러 차례 넘기며 불의 산 입구까지 왔어. 이제 마지막 고비인 먹구름 평지만 지나면 반지를 지킬 수 있어.

"위험해, 형! 벼락이 치려고 해. 나처럼 얼른 웅크려."

"무슨 소리야. 벼락이 칠 때는 납작하게 엎드려야 해. 나무같이 높은 것부터 불타잖아."

동생은 다급히 형에게 말했어. "형! 아니야. 벼락 칠 때 땅바닥에 엎드리면 절대로 안 돼! 그러면 더 위험해져. 제발 고집 피우지 말고 내 말 좀 들어."

형은 벼락이 칠 때 납작하게 엎드려야 피할 수 있다고 말하고 있고, 동생은 몸을 웅크려야 벼락을 피할 수 있다고 말하고 있어. 형과 동생 중 누가 벼락 피하는 방법을 올바르게 알고 있는 걸까? 과연 돼지 형제는 무사히 반지를 지킬 수 있을까? 벼락에 대해 자세히 알아보고 돼지 형제를 구출하자.

나의 오개념을 체크해 보자 

벼락이 칠 때 소보다 닭이 더 안전해. 

전기 감전에 의한 피해는 인체에 흐르는 전류의 세기에 의해 결정돼.

벼락이 칠 때 자동차 안이 안전한 이유는 전기가 통하지 않는 고무로 바퀴를 만들었기 때문이야.

다리와 다리 사이가 멀수록 큰 전압이 걸려.

벼락은 구름과 땅 사이에 순간적으로 전기가 흐르는 현상을 뜻하는데, 주로 철탑이나 나무와 같이 높고 뾰족한 곳으로 잘 떨어지지.

나무에 벼락이 떨어지면 나무를 통해서 땅에 순간적으로 많은 전류가 흐르게 돼. 그렇게 되면 나무의 지름 방향으로 **전압**차가 생기지. 이때 땅 위에 엎드리면 머리와 다리 사이가 멀어지게 되어 그 사이에 큰 전압차가 생기게 돼. 전압차가 생기면 상당한 양의 전류가 심장을 통과하여 흐르게 되니까 아주 치명적이지. 따라서 벼락이 칠 때 가장 좋은 자세는 상체를 웅크려서 높이를 낮추되 두 발을 붙여서 전압차를 줄이는 자세야.

벼락이 칠 때 소와 닭 중 누가 더 위험할까? 답은 소야. 왜냐하면 발과 발 사이가 멀어 더 큰 전압이 걸리기 때문이지.

전압(전위차) 전류가 흐르게 하는 능력. 물이 높은 곳에서 낮은 곳으로 흐르는 것처럼 두 지점 사이의 전기적 위치 에너지 차이에 의해서 전기가 흐른다.

몸에 흐르는 전류의 세기가 클수록 감전의 피해가 커.

감전은 몸에 전류가 흐를 때 생기는 현상이야. 몸이 건조한 경우보다 물에 젖은 경우가 더 위험해. 손이 물에 젖은 경우 신체의 저항이 작아져서 몸에 센 전류가 흐르게 돼.

반면 사람의 피부가 건조하면 신체의 저항이 커져서 감전이 되더라도 전류가 약하게 흘러서 덜 위험하지. 전류의 세기는 저항이 클수록 작아지거든.

감전에 의한 피해는 몸속을 흐르는 전류의 세기에 따라 달라. 실제로 5mA의 전류만 흘러도 몸에 경련이 일어나지. 그런데 하늘에서 떨어지는 벼락은 최대 2만 A(암페어)의 엄청난 전류가 흘러. 그러니 벼락을 맞게 되면 아주 위험하게 돼.

감전 몸에 전류가 흘러 상처를 입거나 충격을 느끼는 일

벼락이 칠 때 자동차 안이 안전한 이유는 전류가 자동차 표면을 타고 흐른 뒤 땅 속으로 빠져 나가기 때문이다.

아하! 개념

- 전압차가 커지면 전류가 많이 흐르게 된다.
- 벼락이 칠 때는 주변보다 낮은 곳에 웅크리고 있어야 한다.
- 인체에 흐르는 전류의 세기가 클수록 감전의 피해는 크다.

답 : O, O, X

44 건전지가 다 닳으면 가벼워진다 (X)

노케트는 몸무게가 많이 나간다는 이유로 남자 친구에게 절교 선언을 들었어. 그 후 노케트는 이를 악물고 다이어트를 시도했지. '카메라 켰다 껐다하기', '장난감 움직이기', '손전등 오래 켜고 있기' 등 할 수 있는 운동은 다 했어. 그러나 점점 힘만 빠져갈 뿐 몸무게는 줄지 않았어.

"흑흑, 왜 이렇게 몸무게가 줄지 않는 거야! 이렇게 운동을 많이 했는데……."

노케트는 절망에 빠져 절규했어. 그때 노케트의 절친한 친구인 힘내자이저가 위로하며 말했어.

"노케트야, 슬퍼하지마! 나도 팔굽혀 펴기를 벌써 백만 스물한 개째 하고 있어. 우리가 좀 더 힘을 내면 반드시 몸무게는 줄어들 거야."

이렇게 노케트와 힘내자이저는 서로를 위로했지. 그때 옆에서 그 모습을 지켜 보던 뱃셀이 말했어. "너희는 타고난 몸매야. 절대 줄지 않아." 라고 말야.

과연 힘내자이저와 뱃셀 중 누구의 말이 맞는 걸까?

나의 오개념을 체크해 보자 

건전지는 전기 회로에서 전압을 일정하게 유지시켜 주는 역할을 해.　　◎ ✖

건전지는 전류를 흐르게 하는 (+) 전하와 (−) 전하를 계속 공급해 줘.　　◎ ✖

건전지가 다 닳으면 가벼워져.　　◎ ✖

건전지는 전압을 일정하게 유지시켜 주는 역할을 해.

그림 (가)와 같이 물의 높이를 다르게 한 두 물통 사이의 밸브를 열어 봐. 밸브를 여는 순간, 물의 높이가 높은 통에서 낮은 통으로 물이 흘러. 두 통의 물의 높이가 같아질 때까지 물이 흐르게 되는 거야. 두 통의 물의 높이 차이를 수위차라고 해. 수위차가 있어야 물이 흐르게 돼. 수위차가 없다면 물의 이동은 없어.

만약 물을 계속 흐르게 하려면 펌프가 필요해. 그림 (나)와 같이 펌프를 이용해서 물을 끌어올려 한쪽으로 보내면 계속 수위차가 생겨서 물도 계속 흐를 수 있어.

전류도 마찬가지야. 전압의 차이가 없으면 전류가 흐르지 않아. 전류를 계속 흐르게 하려면 펌프가 있어야 해. 전기 회로에서 펌프 역할을 하면서 전압을 일정하게 유지시켜 주는 것이 건전지인 거야.

건전지는 화학 반응을 통해 에너지를 공급해 줘.

건전지가 전기적 성질을 띠는 **전하**를 계속 공급해 주는 게 아니야. 그 전하가 움직일 수 있는 에너지를 공급해 주는 거지. 이 에너지는 건전지 안에 들어 있는 물질들이 화학 반응을 일으켜서 나오는 거야.

하지만 화학 반응을 일으킨다고 해서 건전지 안에 들어 있던 물질이 없어지는 건 아니야. 단지 물질이 변하는 것뿐이지. 그렇기 때문에 다 닳은 건전지라고 해서 가벼워지는 건 아니야. 건전지를 다 쓰면 화학 반응으로 인해 생긴 물질이 전류의 흐름을 방해하기 때문에 더 이상 사용할 수가 없게 돼.

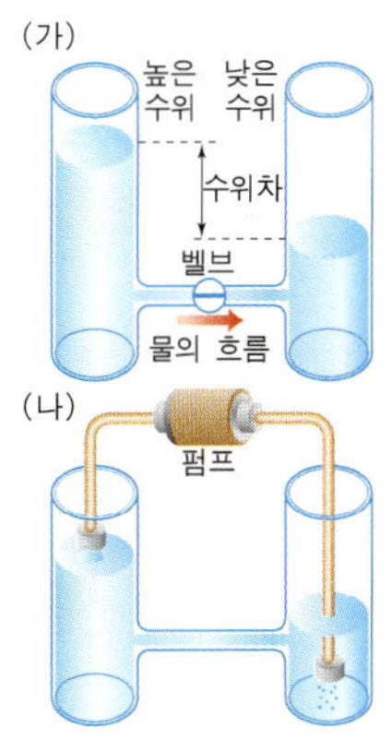

전류 도선에 전압을 걸어 주면 전자가 이동하는데 이 흐름을 전류라고 한다.

전하 전기적 성질을 가진 입자를 말한다. 전자는 (−) 성질을, 양성자는 (＋) 성질을 띠고 있다.

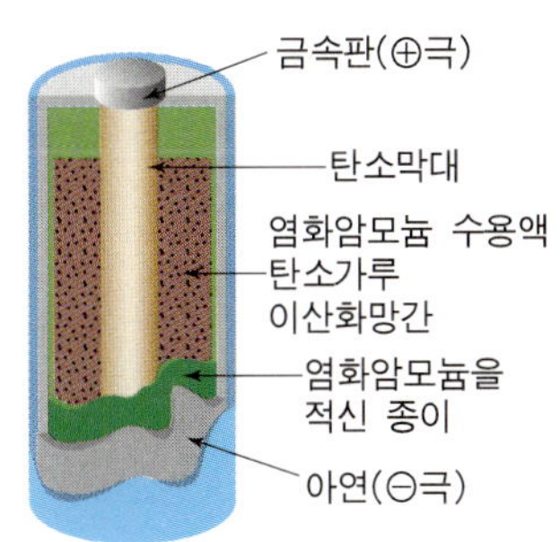

건전지의 내부

아하! 개념

- 전압이 있어야 전류가 흐른다.
- 건전지는 전압을 일정하게 유지시켜 주는 역할을 한다.
- 건전지는 화학 반응을 통해 에너지를 공급한다.

답 : O, X, X

45 큰 힘이 있어야 큰 압력이 생긴다(X)

호동씨는 몹시 피곤한 몸으로 지하철에 올라탔어. 지하철은 퇴근시간이라 만원이었지. 이리 밀리고 저리 밀리다 그만 엄청난 덩치의 상아씨가 호동씨의 발을 밟았어. 호동씨는 화를 내며 말했지.

"좀 조심해 주세요! 아프잖아요!"

아픔이 채 가시기도 전에 또 누군가가 발을 밟았지 뭐야. 마침 눈을 감고 있던 호동씨는 깜짝 놀랐어. 너무 아팠거든. 이번엔 상아씨보다 덩치가 2배는 큰 듯했어. 진짜 화가 난 호동씨는 "아니! 지금 눈을 장식으로……." 라고 소리치면서 상대방을 쳐다봤어. 그런데 이게 어찌된 일이야? 호동씨 옆에는 가녀린 새우양이 있지 뭐야. 호동씨는 이해가 되지 않았어. 코끼리만 한 상아씨보다 호리호리한 새우양이 밟았을 때 더 아팠거든. 새우양이 상아씨보다 날씬한데 왜 더 아픈 걸까? 압력의 크기에 대해 알면 그 이유를 알 수 있을 거야.

나의 오개념을 체크해 보자 

큰 힘이 있어야만 큰 압력이 생겨.	⭕ ❌
같은 물체라면 다른 물체에 작용하는 압력은 항상 같아.	⭕ ❌
자전거 바퀴가 자동차 바퀴보다 더 큰 압력을 받아.	⭕ ❌

힘과 압력은 같은 말이 아니야.

우리 생활에서 힘과 압력이란 말을 혼동해서 사용하는 경우가 많아. 흔히 압력을 누르는 힘이라고 생각하지. 정확히 말하면 압력은 단위 면적에서 물체가 바닥면을 수직으로 누르는 힘의 크기를 말해. 즉, 같은 힘의 크기라도 힘이 작용하는 면적이 좁으면 압력은 커지지.

예를 들어 운동화와 구두를 비교해 봐. 땅이 더 깊게 파이는 것은 굽이 달린 구두야. 운동화를 신으면 몸무게가 넓은 면적으로 나누어지지만 굽이 달린 구두를 신으면 좁은 면적에 몸무게가 몰리기 때문에 땅이 더 깊이 파여. 구두 굽이 가하는 압력이 더 크기 때문이지.

압력 : 운동화 〈 구두

큰 압력을 얻으려면 접촉 면적을 작게 해 주면 돼.

그렇다면 비교적 작은 힘으로 큰 힘의 효과를 내려면 어떻게 해야 할까? 힘의 크기가 클수록 압력도 물론 커져. 하지만 작은 힘이라도 힘이 작용하는 접촉 면적을 작게 하면 큰 압력을 얻을 수 있어. 스테이플러를 봐. 얇은 침이 수십 장의 종이를 뚫고 들어가지? 그건 스테이플러 침의 접촉 면적이 작아서 압력이 커졌기 때문이야. 주사 바늘이나 칼, 화살이 뾰족한 것도 모두 같은 이유지.

접촉 면적을 작게하여 압력을 크게 한 경우: 칼, 축구화, 주사바늘 등

반대로 접촉 면적을 크게 하면 압력이 작아져. 자동차가 자전거보다 훨씬 무거운 데도 자동차 바퀴가 받는 압력은 자전거 바퀴가 받는 압력의 반밖에 되지 않아. 그건 자동차 바퀴가 바닥과 접촉하는 면적이 더 크고, 개수도 더 많기 때문이지. 그래서 자동차의 무게가

접촉 면적을 크게하여 압력을 작게 한 경우: 스키, 눈신(설피) 등

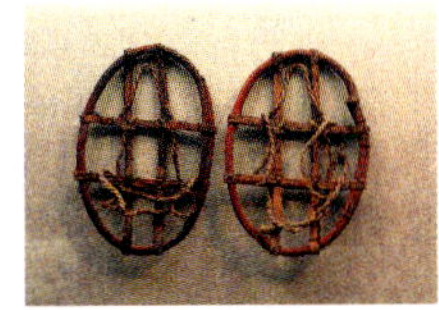

아하! 개념

- 압력은 단위 면적에서 물체가 바닥면을 누르는 힘의 크기이다.
- 무게가 같더라도 바닥과 접촉하는 면적이 크면 압력은 작아지고, 면적이 작으면 압력은 커진다.

답 : X, X, O

무거운 사람이 탄 그네가 더 천천히 움직인다(X)

"어찌도 저리 그네를 우아하게 천천히 탄단 말이냐! 마치 한 마리 나비를 보는 듯 하구나." 이몽룡은 춘향이의 그네 솜씨에 홀딱 반하고 말았어.

"도련님 눈이 이상혀유. 춘향 아씨 그네가 천천히 움직이는 걸 보니 분명 춘향 아씨는 뚱뚱해서 그런 걸 거여유." 곁에 있던 방자가 툴툴거리며 말했지.

"무식한 녀석! 그네가 움직이는 속도가 타는 사람의 몸무게랑 무슨 상관이더냐? 저 처자는 가볍고 날씬한 처자가 분명하다."

이몽룡의 핀잔에도 불구하고 방자는 입을 삐죽대며 중얼거렸어.

"가마에 무거운 사람이 올라탔을 때 빨리 갈 수 있나유? 아이구 답답해."

과연 방자 말대로 춘향 아씨의 그네가 천천히 움직이는 것이 몸무게와 관계 있을까? 그네의 움직이는 정도가 무엇에 영향을 받는지 알아보면 누구 말이 맞는지 알 수 있을 거야.

나의 오개념을 체크해 보자 

무거운 사람이 탄 그네가 더 천천히 움직여.　　　　　◎ ✖

그네의 길이가 길수록 그네는 천천히 움직여.　　　　　◎ ✖

그네가 움직이는 정도에 관계없이 왕복하는 데 걸리는 시간이 같아.

놀이터에 있는 그네를 많이 타봤지? 그네처럼 앞뒤로 흔들릴 수 있도록 한쪽이 고정된 상태로 매달려 있는 물체를 **진자**라고 불러. 진자가 한 번 왕복하는 데 걸리는 시간(**주기**)은 진자의 무게와 관계없이 일정해. 왜 그런지 그네를 예로 생각해 봐. 그네를 세게 밀면 높이 올라가면서 빨리 움직여. 반대로 그네를 약하게 밀면 낮게 올라가면서 천천히 움직여. 그건 그네가 올라가는 높이(움직이는 폭)에 관계없이 왕복하는 데 걸리는 시간이 같기 때문인 거야. 예를 들면 그네가 높이 올라가든, 낮게 올라가든 똑같이 10초가 걸린다는 거지. 10초 동안 똑같이 왕복해야 하니까 당연히 높이 올라갈 때는 빨리 움직이고, 낮게 올라갈 때는 천천히 움직이는 거야.

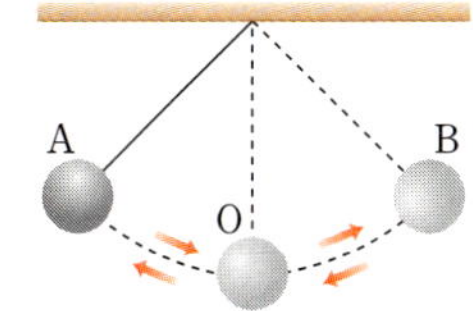

진자 실의 맨 끝에 가볍고 작은 추를 매달아 진동시킨 것

진폭 진동하는 물체가 한 가운데의 정지 위치로부터 수직 방향으로 이동한 최대의 거리

주기 한 번 왕복하는 데 걸리는 시간

그네의 주기에 영향을 주는 것은 그네를 매단 줄의 길이야.

그네에 무거운 사람이 타든지, 가벼운 사람이 타든지 똑같은 거리만큼 당겼다 놓으면 그네는 같은 속력으로 움직여. 즉, 그네가 한 번 왕복하는 데 걸리는 시간(주기)이 같아. 그럼 그네의 주기에 영향을 주는 것은 무엇일까?

그건 바로 그네를 매단 줄의 길이야. 줄의 길이가 길수록 그네는 천천히 움직이고, 줄의 길이가 짧을수록 빠르게 움직여.

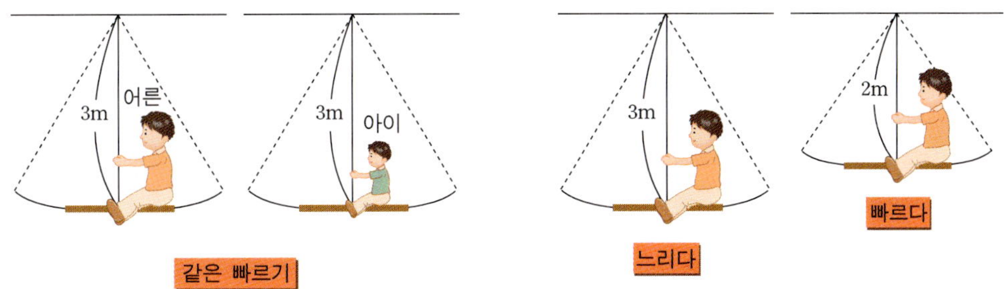

아하! 개념

- 일정한 시간 간격으로 일정한 폭을 왔다갔다 하는 운동을 진자 운동이라고 한다.
- 진폭이나 추의 무게는 진자의 주기에 영향을 주지 않는다.
- 실의 길이가 길수록 진자가 왕복하는 데 걸리는 시간이 길어진다.

답 : X, O

무거운 공이 가벼운 공보다 빨리 떨어진다(X)

"넌 어림없어. 따라올 테면 따라와 봐. 100년은 걸릴 걸."

달리기 시합에서 이긴 야구공은 농구공의 자존심을 건드리며 거들먹거렸어. 농구공은 분했지만, 달리기에서의 패배를 인정할 수밖에 없었지.

"쳇, 빨리 달리기 시합에선 내가 졌어. 하지만 요건 못 당할 걸."

농구공은 야구공에게 높은 곳에서 동시에 뛰어내리자고 했어. 빨리 땅에 떨어지는 사람이 이기는 게임을 하자는 거였지. 야구공은 어이가 없다는 듯 말했어.

"넌 떨어지기 시합에서도 나를 못 이겨. 왜냐하면 나는 너보다 무겁거든. 무거울수록 더 빨리 떨어지는 거 몰라?"

과연 그럴까? 높은 곳에서 떨어질 때도 야구공이 먼저 떨어질까? 어떻게 하면 야구공의 콧대를 납작하게 해 줄지 낙하하는 물체의 빠르기에 대해 자세히 알아보자.

나의 오개념을 체크해 보자 

공기 중에서 무거운 공이 가벼운 공보다 빨리 떨어져. 

공기 중에서 쇠구슬과 깃털을 함께 떨어뜨리면 동시에 떨어져.

떨어뜨린 물체는 모두 같은 모습으로 운동해.

물체를 떨어뜨리면 모두 바닥으로 떨어져. 지구가 모든 물체를 잡아당기고 있기 때문이지. 이러한 지구의 힘을 중력이라고 해. 떨어지는 물건은 계속해서 중력의 영향을 받기 때문에 점점 속력이 빨라지게 돼. 그림 (가)처럼 공의 간격이 점점 벌어지는 것만 보아도 속력이 빨라지고 있다는 걸 알 수 있어. 위에서 떨어지는 물체는 모두 그림 (가)와 같은 모습으로 운동해.

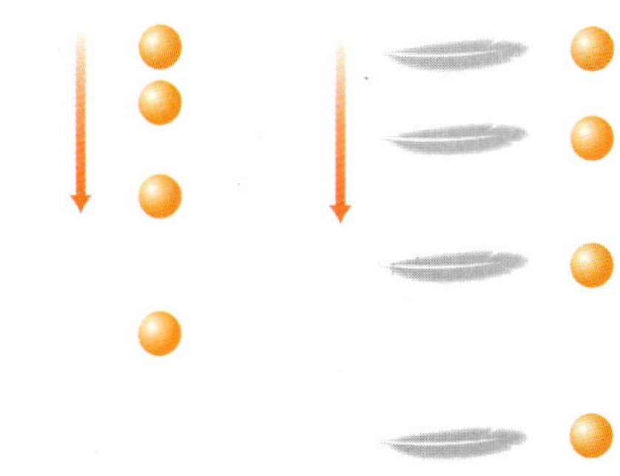

(가) 중력에 의한 공의 낙하 운동

(나) 진공에서 공과 깃털의 낙하 운동

정지한 상태에서 시작하여 중력의 영향만으로 아래로 떨어지는 운동을 **자유 낙하 운동**이라고 해. 그림 (나)와 같은 진공 상태에서는 질량에 관계없이 중력의 영향만으로 떨어져. 공기의 저항이 없기 때문에 모든 물체의 속력은 매초 9.8m/s씩 일정하게 증가하며 떨어지지. 따라서 진공에서는 깃털과 공이 동시에 떨어져.

자유 낙하 운동 물체가 공기의 저항을 받지 않고 중력만 작용하여 떨어질 때의 운동

옛날 사람들은 10배 무거운 물체는 10배 빨리 떨어진다고 생각했어. 그런데 갈릴레이라는 과학자가 두 물체를 같은 높이에서 떨어뜨리면 무게와 상관없이 동시에 땅에 도달한다는 사실을 밝혀냈어.

낙하하는 물체는 공기 저항의 영향을 받아.

야구공과 농구공도 같은 높이에서 떨어뜨리면 동시에 땅에 도달해. 그렇다면 쇠구슬과 깃털도 동시에 떨어질까? 공기 중에서 쇠구슬과 깃털을 떨어뜨리면 쇠구슬이 먼저 떨어져. 깃털은 공기 저항의 영향을 크게 받기 때문이야. 공기 저항은 떨어지는 물체의 운동을 방해하거든. 만약에 공기가 없는 달 표면에서 쇠구슬과 깃털을 떨어뜨린다면 공기 저항이 없기 때문에 동시에 떨어질 거야.

아하! 개념

- 자유 낙하하는 물체는 모두 매초 약 9.8m/s씩 속력이 빨라진다.
- 공기 중에서 낙하할 때는 공기 저항을 받는다.

답 : X, X

48 롤러코스터도 엔진이 있다(X)

"안녕하십니까? 개념이의 소비자 고발입니다. 이번 소비자 고발에서는 놀이공원의 상징! 롤러코스터를 고발해 보도록 하겠습니다. 무시무시한 속도로 달리며, 심지어 360도 회전까지도 서슴지 않는 롤러코스터! 이리 꼬았다 저리 꼬았다 하면서 사람들의 정신을 쏙 빼놓는 것이 바로 이 롤러코스터입니다.

그런데 소비자들로부터 '이 롤러코스터에는 엔진이 없다.' 는 제보가 들어왔습니다. 롤러코스터도 엄연히 철로를 달리는 열차인데 엔진이 없다니요. 그렇게 빨리 달리는 열차에 엔진이 없다는 것이 말이 됩니까? 이 시간에는 엔진 없는 고속 열차, 롤러코스터를 고발하겠습니다."

개념이의 소비자 고발 내용을 듣자 하니 롤러코스터에 대해 궁금해졌어. 정말 롤러코스터에는 엔진이 없을까?

나의 오개념을 체크해 보자 

롤러코스터도 엔진이 있어.　　　　　　　　　　　　　　◎ ✗

정지해 있는 물체도 에너지를 가지고 있어.　　　　　　　◎ ✗

높은 곳의 위치 에너지가 내려오면서 운동 에너지로 바뀌어.

운동하는 물체는 운동 에너지를, 높은 곳에 있는 물체는 위치 에너지를 가지고 있어. 물체의 위치 에너지는 운동 에너지로, 운동 에너지는 위치 에너지로 바뀔 수 있어.

예를 들어 공을 5m 위에서 땅으로 떨어뜨린다고 생각해 봐. 5m 위치에 있던 공은 그 높이만큼의 위치 에너지를 가지고 있어. 그러다 공이 아래로 내려오면서 위치 에너지는 점점 줄어들지. 그만큼 운동 에너지로 바뀌면서 공은 점점 빠르게 떨어지게 돼. 마침내 5m 높이에 있을 때의 위치 에너지는 바닥에 닿기 직전까지 모두 운동 에너지로 바뀌게 돼.

에너지 보존 에너지는 형태만 변할 뿐 사라지거나 새로 생기지 않고 그 합은 항상 일정하게 보존된다.

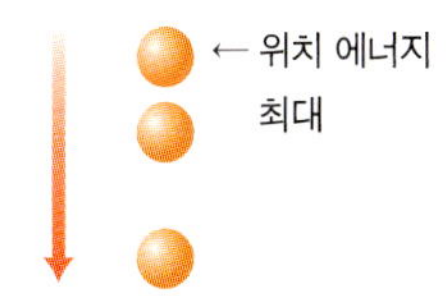

낙하하는 공의 에너지 전환

롤러코스터를 움직이게 하는 동력 장치는 없어.

롤러코스터는 1000m 이상이 되는 길이를 시속 70km 이상의 속력으로 3분 만에 질주해. 롤러코스터는 어떤 힘으로 움직이는 걸까? 처음에는 톱니바퀴처럼 돌아가는 레일이 롤러코스터를 높은 곳까지 올려놓아 줘. 덜컹거리며 천천히 움직이면서 올라가는 그 첫 구간이 가장 긴장되고, 무서움을 잔뜩 느끼게 하지. 높은 곳에 올라간 롤러코스터는 위치 에너지를 가지게 돼. 롤러코스터가 내리막길로 내려가기 시작하면 가지고 있던 위치 에너지가 운동 에너지로 바뀌면서 속력이 점점 빨라지게 되지. 그 운동 에너지로 롤러코스터는 다시 높은 곳에 올라가 위치 에너지로 전환돼. 이 과정을 반복하면서 즉, 위치 에너지와 운동 에너지의 전환이 반복되면서 롤러코스터는 엔진 없이도 움직일 수 있는 거야.

롤러코스터는 여러 개의 바퀴가 레일 사이를 굴러가도록 해서 레일을 벗어나지 않도록 만들어진 엔진 없는 열차인 셈이야.

롤러코스터

아하! 개념

- 롤러코스터가 높은 곳에 정지해 있을 때, 위치 에너지는 최대이다.
- 에너지는 형태만 변할 뿐 사라지거나 새로 생기지 않는다.
- 물체의 위치 에너지와 운동 에너지의 합은 일정하다.
- 롤러코스터는 '위치 에너지→운동 에너지→위치 에너지' 가 반복적으로 변하면서 움직인다.

정답 : X, O

49 공기가 없으면 중력도 없다(X)

전 세계가 발칵 뒤집혔어. 최근 토끼가 달나라에서 절구로 찧어 만든 인절미라며 '토끼표 우주 인절미'를 팔기 시작해서, 순식간에 불티나게 팔렸거든. 그 덕분에 토끼는 엄청난 부자가 되었지. 그런데 그게 사기라는 소문이 돌았어. 마침내 토끼는 기자 회견을 열었어.

"난, 정말 달나라에 다녀왔습니다. 거기서 절구로 인절미를 만들었다고요!"

토끼는 기자 회견 도중 한 장의 사진을 공개했어.

"이 사진을 보시면 공기가 없는 달나라는 무중력 상태라 절구가 둥둥 떠다니는 것을 보실 수 있습니다. '우주 인절미'는 이렇게 힘든 상황에서 만들어진 것입니다. 저는 분명 달나라에서 절구로 찧어 만들었습니다."

모두 다 고개를 끄덕이려는 순간, 어떤 기자가 외쳤어.

"그 사진은 합성된 것입니다. 당신은 거짓말쟁이입니다. 방금, 자신의 입으로 당신이 거짓말쟁이임을 밝힌 것이지요."

토끼는 사진만 보여줬는데 어떤 거짓말을 했다는 걸까?

나의 오개념을 체크해 보자 

공기가 없으면 중력도 없어.	⊙ ✕
진공에서는 물체가 아래로 떨어지지 않아.	⊙ ✕
인공위성에서는 중력을 느끼지 못해.	⊙ ✕

지구가 끌어당기는 힘을 중력이라고 해.

지구에 있는 모든 물체는 지구가 끌어당기는 **중력**을 받고 있어. 사람이 서 있을 수 있는 것도, 물체가 땅으로 떨어지는 것도 모두 중력 때문이지.

지구 위에 있는 물체에만 중력이 작용하는 것은 아니야. 달이 지구로부터 도망가지 못하고 지구 주변을 돌고 있는 것도 중력 때문이지.

엄밀히 말하면 중력은 질량을 가진 모든 물체 사이에 작용하는 힘이야. 이 힘은 두 물체 사이가 가까울수록, 질량이 클수록 커져.

무중력이란 중력이 없는 게 아냐.

중력은 물체 사이에 작용하는 힘이기 때문에 우주 어디에나 있어.

우주 정거장에 있는 우주인들이 둥둥 떠다닌다고 해서 중력이 없는 것이 아니야. 다만 그것을 느끼지 못할 뿐이지. 우주 정거장은 지구 주위를 도는 원운동을 해. 우주 정거장 안에 있는 사람을 비롯하여 모든 것이 다함께 지구 주위를 도는

원운동을 하고 있지. 모두 같이 움직이기 때문에 우주 정거장 안에서는 물체들이 서로에게 아무런 영향도 끼치지 않아. 그래서 중력이 작용하지 않는 것처럼 느껴지지.

공기가 없으면 무중력이라고 생각하기 쉽지만, 진공과 중력과는 아무런 상관이 없어. 오히려 공기가 없는 곳은 공기 저항이 없어서 물체를 떨어뜨리면 더 잘 떨어져. 달에 공기는 없지만 중력은 있어. 지구 중력의 $\frac{1}{6}$ 크기의 중력을 가지고 있지.

'달이 무중력이었다.' 라는 토끼의 말은 거짓말이야. 달에서 물체를 떨어뜨리면 달이 물체를 잡아당기는 중력에 의해서 지구에서처럼 물체가 아래로 떨어지게 돼.

아하! 개념

- 질량이 있는 모든 물체는 서로 끌어당기는 힘을 가지고 있다.
- 지구에 있는 모든 물체는 지구가 끌어당기는 힘, 중력을 받고 있다.
- 달에 공기는 없지만 중력은 있다.

답 : X, X, O

50 냉장고를 열어 두면 방 안이 시원해진다(X)

개념이는 더위를 엄청 타고 땀도 많이 흘려. 더위가 제일 싫다는 개념이는 집에만 있으면 에어컨을 쌩쌩 틀어 놓곤 하지.

그런데 어느 무더운 날, 쉬지 않고 돌아가던 에어컨이 결국 고장 나버렸어.

"난 에어컨 없으면 잠시도 못 견디는데……."

개념이는 선풍기를 '강'으로 틀어 놓았지만 더위를 달랠 수가 없었어. 에어컨을 대신할 수 있는 것이 없을까 생각하던 끝에 개념이가 소리쳤어.

"그래! 냉장고다! 냉장고는 음식을 시원하게 보관해 주는 곳이니까 냉장고 문을 열어 놓으면 시원한 바람이 나와서 우리 집 안 전체가 시원해질 거야."

개념이는 냉장고 문을 활짝 열고 그 앞에 벌러덩 누웠어.

하지만 잠시 후, 개념이는 좀 전보다 더 덥다고 느꼈어. 냉장고 문을 열어 두었는데 왜 시원해지지 않았을까? 냉장고 속이 시원해지는 원리에 대해 알면 그 이유를 알 수 있을 거야.

나의 오개념을 체크해 보자 

냉장고를 열어 두면 방 안이 시원해져.　　　　　◎ ✖

에어컨과 냉장고의 원리는 같아.　　　　　◎ ✖

냉장고는 냉매가 냉장고 속의 열을 빼앗아 시원해져.

냉장고 속에는 냉매라는 물질이 있어. 냉매란 주위로부터 열을 빼앗아 온도를 낮게 해 주는 기체 물질을 말해. 주로 프레온 가스, 암모니아 등이 쓰이지. 냉장고를 시원하게 하는 것은 이 냉매 덕분이야. 원래 기체 상태인 냉매는 압축기에서 높은 압력으로 압축되어 액체 상태가 돼. 액체로 된 냉매가 다시 기체로 되면서 냉장고 속의 열을 빼앗게 되지. 이 과정을 반복하면서 냉장고는 시원함을 유지하게 되는 거야.

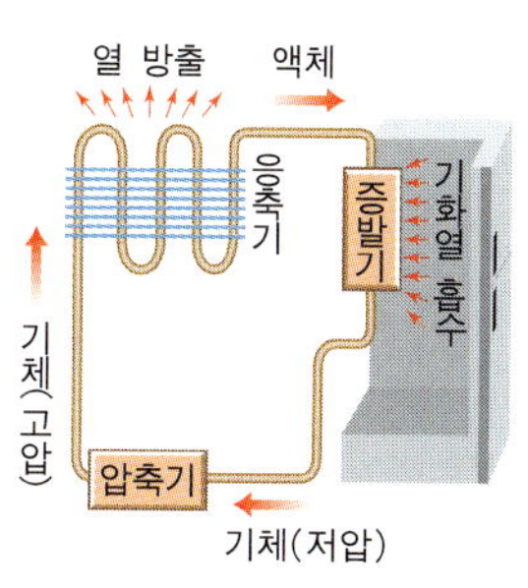

냉장고의 원리 냉장고 내부에 위치한 증발기에서 냉매가 열을 흡수하고 돌아나와 냉장고 외부의 응축기에서 열을 방출한다.

냉장고는 안에서 빼앗은 열을 밖으로 다시 방출해.

그렇다면 냉장고를 열어 두었어도 왜 방 안이 시원해지지 않는 걸까? 냉장고에는 냉매가 빼앗은 열을 다시 바깥으로 내보내는 부분이 있어. 바로 냉장고의 뒷부분이야. 뒷부분을 만져 보면 따뜻한 곳이 있을 거야. 게다가 냉장고의 모터가 돌 때도 열이 발생해. 이렇게 냉장고에서 나오는 열은 방 안의 공기를 데우게 돼.

그런데 이때 냉장고 문을 열어 놓으면, 방 안의 따뜻한 공기가 다시 냉장고 안으로 들어가서 냉장고는 결과적으로 더 많은 열을 밖으로 내놓게 돼. 그러니 방 안의 온도는 더 높아질 수밖에 없지.

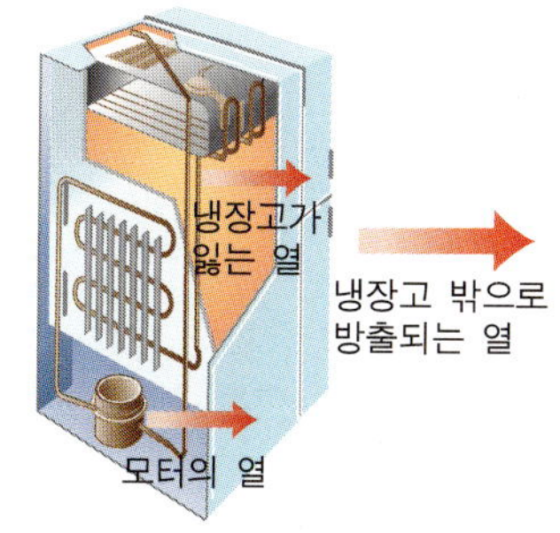

냉장고의 내부의 열

에어컨이 온도를 낮추는 원리 역시 냉장고와 같아. 하지만 에어컨은 실외기를 이용해. 흡수한 열을 방 안이 아닌 집 밖으로 내뿜도록 말이야. 이 때문에 도시 전체의 기온이 높아지지. 환경을 생각한다면 에어컨도 가능하면 쓰지 않는 게 좋아.

아하! 개념

- 액체가 기체가 될 때는 주변의 열을 빼앗는다.
- 냉장고와 에어컨은 액체가 기체로 되면서 팽창하는 동안 주위의 열을 빼앗는 원리를 이용하여 만든 것이다.
- 냉장고는 냉장고 안에서 빼앗은 열을 냉장고 밖으로 방출한다.

답 : X, O

도구를 쓰면 언제나 힘이 작게 든다(X)

엉뚱이의 즐거운 설날 일기!　　날씨: 맑거나 말거나.

즐거운 설날. 아빠와 함께 할아버지 댁을 가던 중에 차 바퀴가 논두렁에 빠져 버렸다. 그런데 놀라운 광경을 목격했다. 우리 아빠가 사실은 슈퍼맨이었나 보다. 막대기 하나로 차를 번쩍 들어 올리시니 말이다. 우리 아빠 최고다.

아빠가 그 괴력의 비밀을 이야기해 주셨다. 그 괴력은 아빠의 힘이 아니고, 지레라는 도구 덕분이라고 하셨다. 지렛대만 있으면 아무리 무거운 물건도 척척 들어 올릴 수 있다고. 나도 그날 이후 놀라운 힘을 쓰는 방법을 터득하였다.

지레의 원리가 적용되는 도구 중에는 핀셋도 있다고 하셨으니…… 그래 바로 이거야! 난 앞으로 무거운 책가방을 핀셋을 이용해 들고 다닐 거야. 그럼 무거운 가방도 손쉽게 들 수 있을 테니까. 역시 난 천재야!

엉뚱이가 과연 핀셋으로 책가방을 들 수 있을까? 지레의 원리에 대해 자세히 알아보자.

나의 오개념을 체크해 보자

도구를 사용하면 항상 힘이 작게 들어.　　　　　　　　◎ ✕

젓가락도 지레의 원리를 이용한 도구야.　　　　　　　◎ ✕

핀셋은 작은 힘으로 큰 힘을 내기 위해 써.　　　　　　◎ ✕

지레를 사용하면 작은 힘으로 큰 힘을 낼 수 있어.

길에 빠진 자동차를 들어 올릴 때 사용한 막대를 지레라고 해. 지레를 사용하면 작은 힘으로도 큰 힘의 효과를 낼 수 있지.

지레에는 힘점, 받침점, 작용점의 3요소가 있어. 이 세 가지 중 하나라도 없으면 지레라고 할 수 없어. 지레의 종류도 세 가지가 있어. 지레의 3요소의 배열에 따라 1종 지레, 2종 지레, 3종 지레로 구분하지. 받침점이 힘점과 작용점 사이에 있는 지레를 1종 지레, 받침점에 대해 힘점과 작용점이 같은 쪽에 있는 지레를 2종 지레라고 해.

하지만 지레를 이용한다고 해서 항상 작은 힘이 드는 건 아니야. 받침점에서 힘점까지의 길이가 받침점에서 작용점까지의 길이보다 길어야 힘의 이득이 있어.

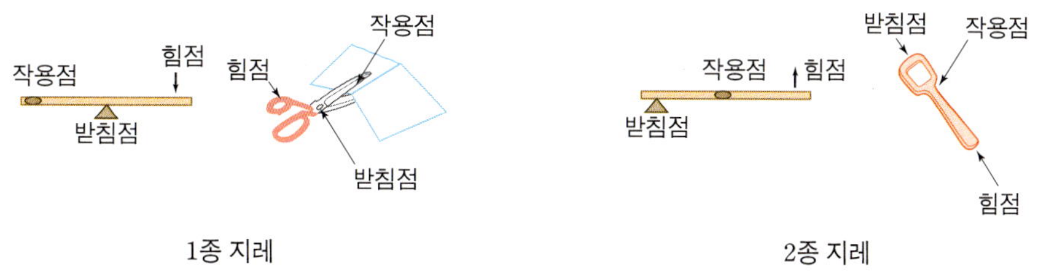

3종 지레는 힘의 이득은 없지만 세심한 작업을 할 수 있어.

지레 중에는 힘점과 받침점까지의 길이가 작용점과 받침점까지의 길이보다 작은 지레도 있어. 힘점이 받침점과 작용점 사이에 있으면 3종 지레야. 이 지레는 힘점에서 받침점까지의 거리가 받침점에서 작용점까지의

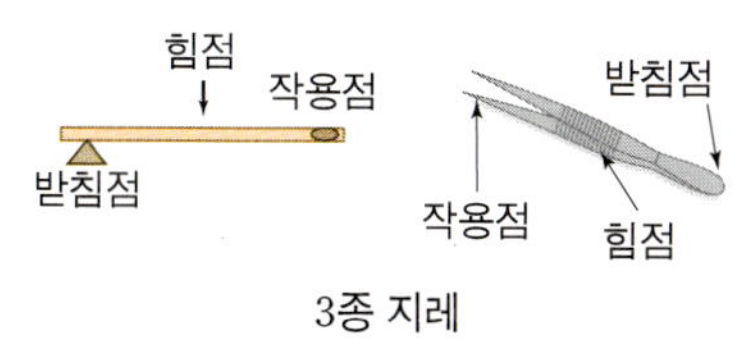

거리보다 짧기 때문에 큰 힘을 내지는 못 해. 큰 힘도 못 내는데 왜 쓰냐고? 그건 조그만 움직임을 큰 움직임으로 바꾸어 주는 효과가 있기 때문이야. 그래서 세밀한 작업을 하거나 빠른 속력을 얻을 때 사용하지. 3종 지레에는 핀셋, 젓가락 등이 있어.

아하! 개념

- 지레의 3요소는 힘점, 받침점, 작용점이다.
- 받침점에서 힘점까지의 길이가 받침점에서 작용점까지의 길이보다 길수록 힘이 작게 든다.
- 3종 지레는 세밀한 작업을 하거나 빠른 속력을 내기 위해 사용한다.

답 : X, O, X

52 신기루는 착시 현상이다(X)

개념이는 전날 어머니께 의기양양하게 시험지를 내밀었다가 센 꿀밤 한 방만 맞았어. 분명히 100점인 줄 알았던 시험지가 10점짜리였던 거야. 다음 날 개념이가 선생님을 찾아갔어.

"선생님, 어떻게 된 거죠? 전 분명히 100점짜리로 봤는데요. 제가 신기루라도 본 건가요?"

선생님께서 웃으시며 말씀하셨어.

"너 지금 신기루라고 했니? 신기루라는 말은 어울리지 않는데? 신기루는 빛의 굴절 때문에 생기는 현상이지 착각이나 착시가 아냐. 네가 시험지 점수를 잘못 본 건 신기루를 봤다고 할 게 아니라 착각했다고 말해야 정확하지." 아마도 개념이가 너무도 100점이 받고 싶어서 10점짜리가 100점짜리로 보였었나 봐. 개념이는 문득 신기루란 것이 어떤 것인지 무척 궁금해졌어. 빛의 굴절에 대해 알고 싶어졌지.

나의 오개념을 체크해 보자 

신기루는 착시 현상이야.   O X

신기루는 사진에 찍히지 않아.   O X

신기루는 북극처럼 추운 곳에서도 볼 수 있어.   O X

빛의 속력이 변하면 굴절이 일어나.

물이 담긴 컵 속에 빨대를 넣으면 굽은 것처럼 보여. 이것은 공기 중에서와 물속에서의 빛의 속력이 다르기 때문에 나타나는 현상이야. 이렇게 빛이 다른 **매질**을 만나면서 진행 방향이 바뀌어 나가는 것을 빛의 **굴절**이라고 해.

매질 소리나 빛이 전파할 때 이들을 계속 전달해주는 물질

빛의 굴절은 빛이 공기에서 물로 들어가는 것처럼 매질이 달라질 때 일어나. 하지만 같은 매질이라도 온도가 달라지면 밀도가 변하기 때문에 빛의 굴절 현상이 일어나.

신기루는 빛의 굴절 때문에 생긴 현상이야.

무더운 사막에서 물이 고여 있는 모습을 보고 그쪽으로 달려가도 정작 가보면 아무것도 없는 것을 경험하는 경우가 있어. 너무 더운 나머지 상상 속의 가짜를 본 것일까?

더운 지방의 신기루

신기루는 빛의 굴절 때문에 생긴 현상이야. 사막의 지표면이 아주 뜨거워지면 지표면 바로 위쪽의 공기와 그 위 공기 사이에 온도 차이가 생겨. 온도 차이가 생기면 공기의 밀도가 달라지지. 이때 빛이 뜨거운 공기가 있는 아래쪽을 통과하면 속력이 빨라져서 빛의 방향이 위쪽으로 휘어지게 돼. 그래서 엉뚱한 곳에 신기루가 생기는 거야.

추운 지방의 신기루

태양이 뜨겁게 내리쬐는 여름, 아스팔트 도로 위에 물이 고인 것처럼 보이는 경우도 같은 현상이야. 빛이 뜨거운 공기층을 통과하면서 위로 굴절하기 때문에 하늘의 모습이 굴절되어 물처럼 보이는 것이지. 실제는 물이 아니라 하늘이 비쳐 보이는 거야.

북극과 같이 추운 지방의 바다에서는 공기에 비해 물이 더 차갑기 때문에 빛이 아래로 휘어져서 생기는 신기루를 볼 수가 있어. 이때는 배가 하늘에 떠 있는 것처럼 보이지.

신기루는 가짜가 아니라 실제 빛에 의해 만들어지는 것이어서 사진으로 찍을 수도 있어.

공기 중에서 액체 속으로 빛이 들어갈 때 굴절각은 작아.

다음은 빛이 공기 중에서 여러 가지 액체 속으로 들어갈 때, 굴절하는 모습을 나타낸 그림이야.

이처럼 공기 중에서 다른 액체로 빛이 나아갈 때는 굴절각이 입사각보다 작고, 액체의 종류에 따라 꺾이는 정도가 달라지지.

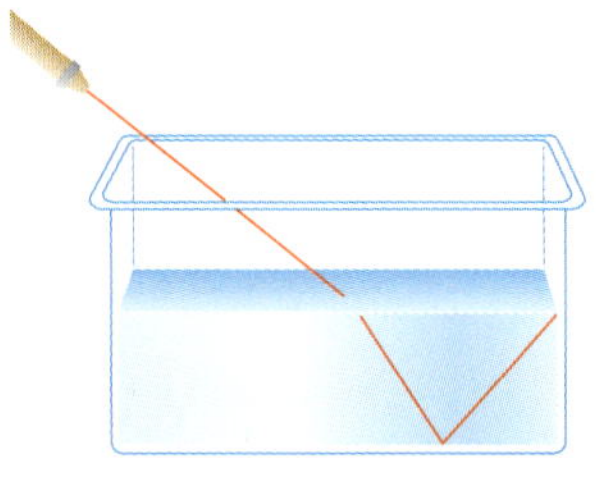

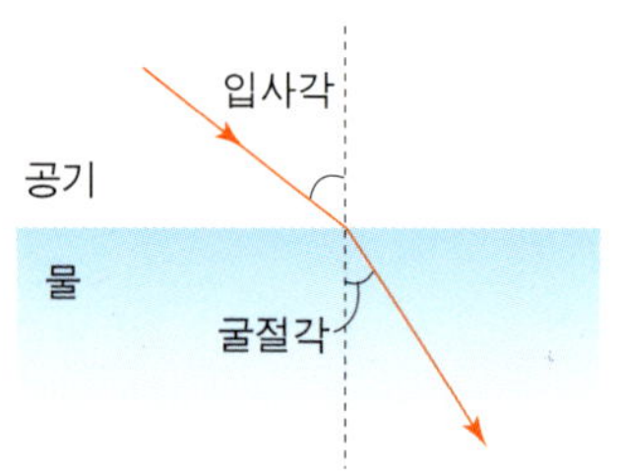

빛은 가장 빠른 길로 나아가.

빛이 굴절하는 것은 빛이 최단 시간에 목적지에 도달하기 위한 방법이야.

오른쪽 그림의 (나)지점에서 사람이 빠져 허우적거리고 있어. 땅 위의 (가)지점에 있는 인명구조원이 즉시 사람을 구하기 위해서 가

장 빠른 길을 택하여 (나)지점까지 가야 해. ㉠과 ㉡ 중 어떤 길로 가야 할까?

(가)와 (나) 두 지점이 모두 땅 위라면 직선 거리가 빠를 거야. 그러나 땅과 바다에서라면 땅에서 뛰는 것이 더 빠르므로 직선 경로인 ㉡을 따라 가는 것보다 땅 위에서 더 많이 뛰고 물속에서 헤엄치는 거리가 짧은 ㉠을 택하는 것이 더 빠를 거야. 빛도 마찬가지야. 빛도 가장 빠른 길로 나아가는 성질이 있어. 물질마다 빛이 진행하는 속력이 다르기 때문에 빛이 나아가다가 다른 물질을 만나면 속력이 변해. 속력이 변하기 때문에 빛이 경계면에서 굴절하게 되는 거야.

빛이 굴절할 때, 안쪽으로 꺾여서 입사각보다 굴절각이 작아진다면 빛의 속력이 느려졌다는 뜻이야.

굴절 때문에 바닥이 떠올라 보여.

불투명한 그릇의 바닥 한쪽에 동전을 두고 동전이 보이지 않을 때까지 그릇에서 멀어져 봐. 동전이 사라진 것처럼 보이는 순간 멈춰선 다음, 그릇에 물을 부으면 사라졌던 동전이 보여. 동전에서 반사되어 나오는 빛이 굴절하여 나오기 때문에 동전이 떠올라 보이게 되지.

마찬가지로 물에 잠긴 다리가 굵어 보이는 것, 물에 비스듬히 꽂힌 막대가 꺾여 보이는 것 모두가 굴절 현상 때문에 물체가 떠올라 보여서 그런 거야.

여름날 계곡에 물놀이를 갔을 때에도 물의 깊이는 보기보다 깊기 때문에 주의해야 해. 바닥이 실제보다 떠올라 보여 얕다고 느끼기 쉽거든.

별이 반짝이는 것도 빛이 굴절하기 때문이야.

별이 반짝거리는 것도 빛의 굴절 때문이야. 별빛이 대기권으로 들어올 때, 정도는 작지만 굴절이 일어나서 길이 약간 틀어지지. 만일 공기가 자꾸 움직이면 별빛이 나아가는 방향도 약간씩 바뀌게 돼. 그러나 지구 주위를 공전하는 우주 비행사는 대기층 밖에서 별을 보기 때문에 반짝거리지 않는 영롱한 별을 보게 돼.

아지랑이가 피어오를 때, 그 건너편의 경치가 흔들리는 것도 같은 이치이지. 우리가 별을 보고 있으면 빛이 눈으로 들어왔다가 벗어났다가를 반복하기 때문에 반짝이는 것으로 보여.

바퀴의 굴절 매끄럽고, 거친 서로 다른 성질의 종이를 덧붙인 후, 장난감 바퀴를 비스듬히 굴려보면 거친 종이에 도달한 쪽 바퀴의 속력만 느려지기 때문에 바퀴의 진행 방향이 달라진다.

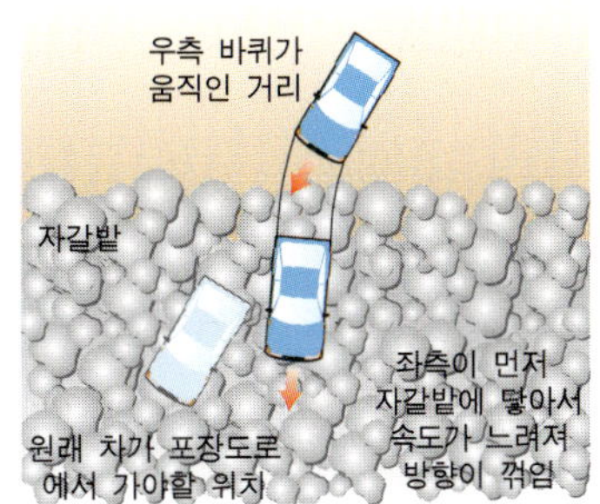

답 : X, X, O

작은 거울이라도 거울에서 멀리 떨어지면 나의 전체 모습을 비출 수 있다(X)

신데렐라는 요정 아줌마의 도움으로 파티에 갈 수 있게 되었어. 요정 아줌마의 마법으로 멋진 드레스를 입게 되었지. 신데렐라는 자신의 변신한 모습이 보고 싶었어. 하지만 벽에는 작은 거울밖에 없는 거야.

"내 모습이 어떤지 전신을 비춰 보고 싶어. 내가 뒤로 물러서서 보면 내 모습이 다 보일 거야."

신데렐라는 거울에 자신의 전체 모습이 비칠 때까지 점점 뒤로 물러섰어. 하지만 아무리 뒤로 물러서도 전체 모습은 보이지 않는 거야. 한참을 그렇게 뒤로 물러서다가 누군가와 부딪치고 말았어.

"어머, 왕자님!"

신데렐라가 부딪친 사람은 다름이 아닌 왕자였어. 전신을 비출 수 없는 작은 거울 덕분에 신데렐라는 운명적인 사람을 만나게 된 거야. 그런데 어떻게 해야 신데렐라는 자신의 전신을 비춰 볼 수 있을까?

나의 오개념을 체크해 보자

얼굴만 보이는 거울도 뒤로 물러서면 전신을 볼 수 있어.  

사람 키의 절반 크기 정도되는 평면 거울이 있으면 전신을 다 비출 수 있어. 

빛이 거울 면에서 반사되기 때문에 내 모습이 비쳐 보여.

빛이 물체에 부딪히면 다시 되돌아 나오는데, 이것을 **반사**라고 해. 거울을 통해 얼굴을 볼 수 있는 것은 얼굴에서 반사된 빛이 다시 거울에서 반사되어 우리 눈에 들어 오기 때문이야. 빛이 거울로 들어갈 때의 각도(입사각)와 나갈 때의 각도(반사각)는 항상 같아. 이것을 반사의 법칙이라고 말해.

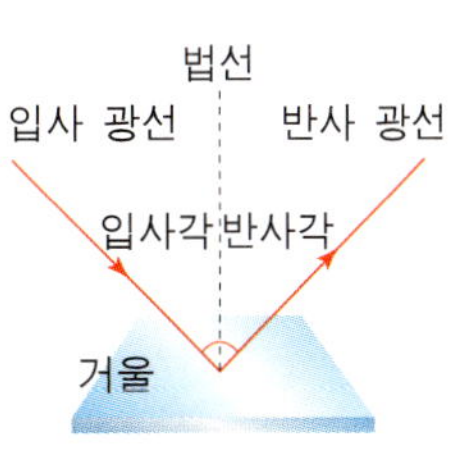

반사 빛이 한 매질에서 다른 매질로 나아갈 때, 두 매질의 경계면에서 진행 방향이 바뀌어 원래의 매질로 되돌아오는 현상. 이때 들어오는 빛의 입사각과 나가는 빛의 반사각은 크기가 같다.

거울로부터 물러나도 거울에 비친 내 모습이 보이는 정도는 같아.

화장실에 걸린 거울은 몸의 절반밖에 보이지 않지? 전신을 다 보고 싶다고 해서 뒤로 물러나면 될까? 그렇지 않아. 거울 속의 나를 볼 때, 한번에 볼 수 있는 범위는 나와 거울 사이의 거리와는 상관이 없어. 오직 거울의 크기와만 상관이 있어. 그래서 아무리 뒤로 물러나거나 앞으로 나아가도 보이는 범위는 항상 같아.

전신을 비추려면 키 절반 크기의 거울만 있으면 돼.

전신을 한번에 보려면 거울의 높이는 어느 정도가 되어야 할까? 오른쪽 그림을 봐. 머리끝을 지난 빛이 거울 면에서 반사되어 나와 내 눈에 들어와(㉠). 발끝을 지난 빛도 거울 면에서 반사되어 내 눈으로 들어와(㉡). 이 그림을 통해 머리끝부터 발끝까지 길이의 반이 되는 거울만 있어도 내 몸의 전체를 볼 수 있다는 걸 알 수 있어. 신데렐라도 자신의 키의 반 정도 되는 길이의 거울만 있었어도 자신의 전신을 볼 수 있었을 거야. 이때 거울을 내 눈과 머리끝 사이의 가운데 부분 정도 즉, 이마의 높이에서부터 걸어야 해.

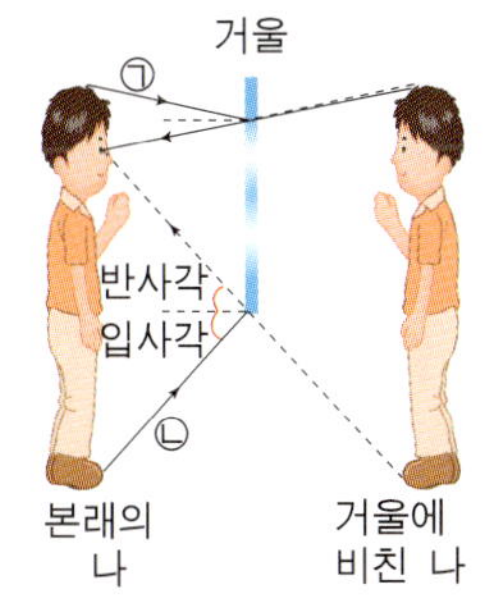

아하! 개념

- 빛의 입사각과 반사각은 항상 같다.
- 거울에 비친 나를 볼 때 반사되어 보이는 상의 모습은 거울로부터의 거리를 변화시켜도 바뀌지 않는다.
- 사람 키의 절반 크기 정도되는 거울로도 전신을 비출 수 있다.

답 : X, O

볼록 렌즈로 빛을 모을 때 렌즈가 뜨거워진다(X)

야외 과학 수업 시간이었어. 돋보기로 식물을 자세히 관찰하는 수업이었지. 선생님께서 돋보기로 햇빛을 모으면 종이를 태울 수도 있으니까 종이 태우는 장난은 하지 말라고 신신당부하셨어. 하지만 하지 말라고 하면 더 하고 싶은 법! 선생님께서 잠깐 자리를 비운 사이 어떤 모둠에서 볼록 렌즈로 햇빛을 모아 공책을 태우고 말았지. 선생님께서 돌아오시기 전에 범인을 잡지 못하면 단체 기합을 받을 수 있는 상황! 명탐정 홈즈가 범인 찾기에 나섰어.

"범인은 간단하게 찾을 수 있어. 불을 낸 지 얼마 안 됐기 때문에 범행에 사용된 돋보기가 여전히 뜨거울 거야. 그러니 돋보기가 뜨거운 모둠이 범인이야!"

홈즈가 한 모둠 한 모둠씩 돋보기를 만져 보며 뜨거운지 확인해 보았어. 하지만 이럴 수가! 볼록 렌즈가 뜨거운 모둠이 한 모둠도 없지 뭐야. 과연 명탐정 홈즈가 무엇을 잘못 생각한 걸까?

나의 오개념을 체크해 보자

볼록 렌즈로 빛을 모을 때 렌즈가 뜨거워져.　　　　　　　　　　　○ ✖

근시용 안경으로 빛을 모아 불을 피울 수 있어.　　　　　　　　　　○ ✖

오목 렌즈를 통과한 빛은 퍼져 나아가.　　　　　　　　　　　　　○ ✖

볼록 렌즈는 빛을 한 점으로 모아.

햇빛이 강한 어느 날, 돋보기를 가지고 햇빛을 모아 종이를 태워본 경험이 있을 거야. 그건 햇빛이 종이를 태울 정도로 강하게 비춘 것이 아니라 돋보기가 햇빛을 한 점에 모았기 때문이야. 빛은 렌즈를 통과할 때 **굴절**해. 돋보기는 **볼록 렌즈**로 만든 것이지. 볼록 렌즈는 중앙이 볼록하고 가장자리가 얇기 때문에 빛을 한 점으로 모을 수 있어. 이때 종이가 탈 정도로 빛을 모으기는 해도 렌즈가 뜨거워지지는 않아. 빛이 굴절하기는 하지만 렌즈를 모두 통과하기 때문에 렌즈 자체가 뜨거워지지는 않거든.

렌즈가 뜨거워지는 건 아니기 때문에 렌즈 대신 얼음을 사용할 수도 있어. 둥근 그릇에 물을 담고 공기 방울이 생기지 않도록 서서히 얼리면 간단히 볼록 렌즈 모양의 얼음을 만들 수 있지. 이렇게 만든 얼음 볼록 렌즈로도 빛을 모을 수 있어.

굴절 빛이 한 매질(공기)에서 다른 매질(렌즈)로 진행할 때, 매질의 경계면에서 빛이 꺾이는 현상

볼록 렌즈 볼록 렌즈를 지난 빛은 한 곳에 모인다. 볼록 렌즈로 된 물건에는 돋보기가 있다.

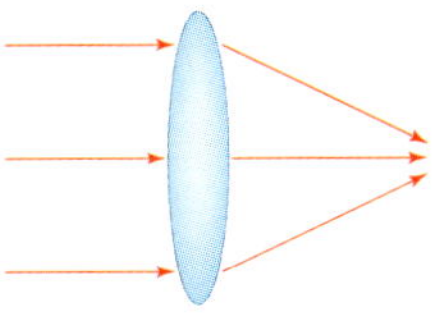

볼록 렌즈를 지나는 빛

오목 렌즈는 빛을 퍼지게 해.

오목 렌즈는 중앙이 얇고 가장자리가 두껍게 되어 있어. 그래서 **오목 렌즈**를 통과한 빛은 바깥쪽으로 퍼져. 종이에 불을 피우는 실험을 할 때 렌즈 대신 친구의 안경을 빌려서 실험을 해도 잘 될까? 만약 친구가 원시(가까운 것이 잘 안보임)라면 가능하겠지만 근시(멀리 있는 것이 잘 안보임)인 경우라면 불가능해. 원시는 볼록 렌즈를 사용하지만, 근시는 오목 렌즈를 사용하거든.

오목 렌즈 오목 렌즈를 지난 빛은 퍼져 나아간다. 오목 렌즈로 된 물건에는 근시 안경이 있다.

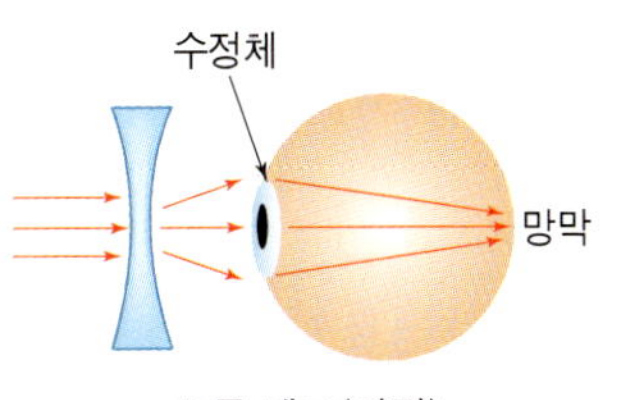

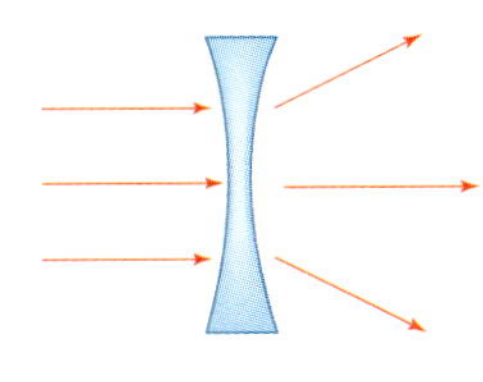

오목 렌즈를 지나는 빛

아하! 개념

- 빛은 렌즈를 통과할 때 굴절한다.
- 볼록 렌즈는 빛을 한 점에 모으고, 오목 렌즈는 빛을 퍼지게 한다.
- 근시는 볼록 렌즈, 원시는 오목 렌즈를 사용한다.

답 : X, X, O

야구장에서 모든 사람의 응원가 소리를 동시에 들을 수 있다(X)

개념이는 친구와 함께 야구장에 갔어. 친구는 이번 경기가 엄청나게 중요한 경기라며 자랑을 했어. 관중들 모두 옷을 맞춰 입고, 얼굴과 몸에 화려한 그림까지 그렸어. 어리둥절 서 있는 개념이를 보고 친구가 말했어.

"응원의 하이라이트는 뭐니 뭐니 해도 3만 명이 동시에 부르는 '부산 갈매기' 노래지. 너도 한번 들으면 놀랄 걸."

잠시 후 정말 경기장 전체에 '부산 갈매기' 노래 소리가 울려 퍼졌어. 하지만 노래가 끝난 후 개념이는 시큰둥하게 말했어.

"에이~ 사람들이 응원가 하나 딱딱 못 맞춰 부르네. 매일 부른다면서……."

친구가 한숨을 쉬며 말했어.

"무식한 소리! 이렇게 큰 장소에서는 사람들 노래 소리가 절대로 동시에 안 들려!"

친구가 하는 말이 사실일까? 왜 큰 장소에서는 합창 소리가 동시에 들리지 않는 걸까? 소리의 성질에 대해 자세히 알아보자.

나의 오개념을 체크해 보자 

야구장에서 모든 사람의 응원가 소리는 동시에 들려.	◎ ✗
멀리서 폭발이 생기면 번쩍하는 빛과 쾅 소리가 동시에 들려.	◎ ✗
소리의 속력은 공기 중에서 보다 물속에서 더 빨라.	◎ ✗

소리도 속력이 있어.

달리는 자동차나 기차처럼 소리도 속력이 있어. 공기 중에서 소리의 속력은 340m/초 야. 즉, 내가 소리를 지르면 340m 떨어진 곳에 있는 사람이 1초 후에 내 소리를 듣게 되지. 그래서 야구장처럼 넓은 장소에서는 동시에 노래를 부르는 것이 불가능해.

보통 응원단에서 노래를 부르기 시작하면 사람들이 따라 부르는데, 응원단 가까이에 앉아 있는 사람과 멀리 앉아 있는 사람이 응원단의 노래를 듣는 데는 어느 정도의 시간 차이가 나거든. 물론 멀리 있는 사람이 노래 소리가 들리자마자 따라 부른다 해도 말이야.

소리보다 더 빠른 것 중에는 빛이 있어. 빛에도 속력이 있지. 그래서 멀리서 번개가 칠 때 빛이 먼저 '번쩍' 한 후 '우르릉 쾅쾅' 하는 소리가 나중에 들리는 거야.

소리의 속력은 매질에 따라 달라.

소리나 빛이 전파할 때 이들을 계속 전달해 주는 물질을 매질이라고 해. 우리가 듣는 대부분의 소리는 공기가 매질이지.

또, 소리는 공기뿐만 아니라 액체, 고체를 통해서도 전달돼. 그럼 소리의 속력은 어떤 매질에서나 같을까?

책상에 귀를 대고 책상을 두드려 봐. 그냥 공기 중에서 전달되는 것보다 훨씬 빠르게 잘 들릴 거야. 옛날 인디언들은 멀리서 오는 말발굽 소리를 듣기 위해 땅에 귀를 대고 들었대. 그렇게 하면 공기 중에서 전달되기 전에 먼저 소리를 들을 수 있었기 때문이지. 물론 같은 매질에서도 주위의 온도에 따라 소리의 속력은 달라.

물체	속력
공기 (15℃)	340m/s
물 (4℃)	1494m/s
콘크리트 (0℃)	3100m/s
강철 (0℃)	5790m/s

매질에 따른 소리의 속력

아하! 개념

- 소리도 속력이 있다.
- 소리가 전달되려면 매질이 필요하다.
- 소리의 속력은 매질에 따라 달라진다.

답 : X, X, O

1 다음 벼락이 칠 때 안전을 위한 행동 요령 중 <u>잘못된</u> 것은 어느 것입니까? (　　　)

① 집안에 있는 전기 플러그를 뽑는다.
② 차 안으로 들어가 시동을 끄고 기다린다.
③ 주변보다 몸을 낮추어 땅바닥에 엎드린다.
④ 길을 가던 중이면 주변의 건물 안으로 들어간다.
⑤ 큰 나무 근처에 가지 말고 주변보다 낮은 곳으로 가서 웅크린다.

2 다음 중 접촉 면적을 작게 하여 압력을 크게 한 경우를 모두 골라 기호를 쓰시오.

(　　　　　　　　)

3 진자를 이용하여 시계를 만들었습니다. 시계가 느리게 가게 하려면 어떻게 해 주어야 하는지 고르시오. (　　　)

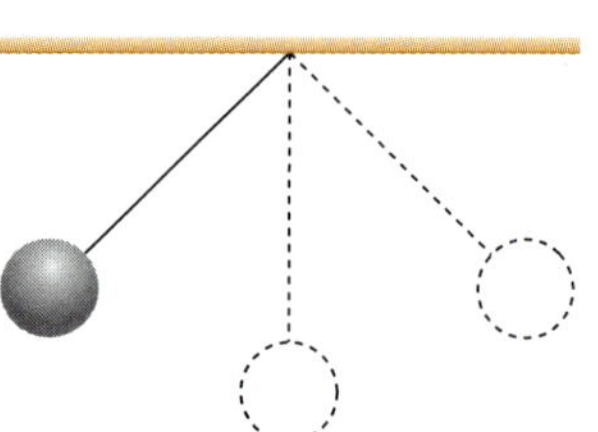

① 실의 길이를 길게 한다.
② 실의 길이를 짧게 한다.
③ 추를 가벼운 것으로 바꾼다.
④ 추를 무거운 것으로 바꾼다.
⑤ 추를 더 많이 잡아당겼다 놓는다.

오개념 47

4 같은 높이에서 동시에 두 물체를 떨어뜨리는 실험을 하려고 합니다. 다음 중 동시에 떨어지는 경우를 모두 고른 것끼리 짝지어진 것은 어느 것입니까? (   )

> ㉠ 5Kg짜리 쇠공과 10kg짜리 쇠공을 공기 중에서 떨어뜨리는 경우
> ㉡ 5Kg짜리 쇠공과 10kg짜리 쇠공을 진공에서 떨어뜨리는 경우
> ㉢ 쇠공과 깃털을 공기 중에서 떨어뜨리는 경우
> ㉣ 쇠공과 깃털을 진공에서 떨어뜨리는 경우

① ㉡, ㉣　　　　② ㉠, ㉢　　　　③ ㉠, ㉡, ㉢
④ ㉠, ㉡, ㉣　　　⑤ ㉠, ㉡, ㉢, ㉣

오개념 48

5 아래 롤러코스터의 위치 에너지가 운동 에너지로 전환되는 구간은 어느 곳입니까? (   )

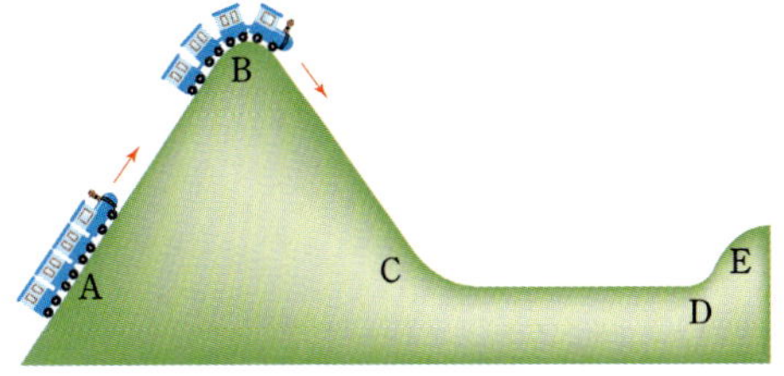

① A →B　　　　② B →C　　　　③ C →D
④ D →E　　　　⑤ 없다.

오개념 51

6 다음 중 작은 힘으로 큰 힘을 낼 수 있는 도구가 <u>아닌</u> 것은 어느 것입니까?

( )

① 가위 ② 핀셋 ③ 병따개
④ 손톱깎이 ⑤ 스테이플러

오개념 52

7 다음에서 말하고 있는 현상들은 공통적으로 빛의 어떤 성질 때문에 일어난 것입니까? ( )

- 더운 여름날 아스팔트 도로 위에 물이 고인 것처럼 보여서 가까이 가보니 아무것도 없었어.
- 물이 담긴 컵 속에 빨대가 굽어 있는 것처럼 보였는데 꺼내보니 아니더라고.
- 어제 할아버지 안경을 가지고 신문의 글자를 비춰 봤더니 글자가 크게 보였어.

① 직진 ② 반사 ③ 굴절
④ 착시 ⑤ 간섭

8 다음과 같이 거울 앞에 친구들이 서 있습니다. ②번 학생이 거울을 통해 볼 수 있는 학생의 번호를 쓰시오. (   )

9 다음 중 빛을 모아주는 역할을 하는 것끼리 바르게 짝지어진 것은 어느 것입니까? (   )

① 오목 렌즈 – 오목 거울   ② 오목 렌즈 – 볼록 거울
③ 볼록 렌즈 – 오목 거울   ④ 볼록 렌즈 – 볼록 거울
⑤ 볼록 렌즈 – 평면 거울

10 다음 중 속력이 가장 빠른 것은 어느 것입니까? (   )

① 빛   ② 소리   ③ 로켓
④ 제트기   ⑤ 고속열차

생명

지구와 우주

20	남극과 북극은 항상 겨울이다.	6-2	4. 계절의 변화
		중3	7. 태양계의 운동
21	화산 분출은 육지에서만 일어난다	5-2	4. 화산과 암석
		중2	6. 지구의 역사와 지각 변동
22	대륙의 중심에서는 지진이 일어나지 않는다.	6-1	2. 지진
		중2	6. 지구의 역사와 지각 변동
23	달에서는 풍화가 전혀 일어나지 않는다.	3-2	3. 지구와 달
		중2	3. 지구와 별
24	밤하늘에 빛나는 것은 모두 별이다.	4-1	8. 별자리를 찾아서
		중2	3. 지구와 별
25	별은 하늘에 붙어 있다.	4-1	8. 별자리를 찾아서
		중2	3. 지구와 별
26	모든 행성의 표면은 딱딱하다.	5-2	7. 태양의 가족
		중2	3. 지구와 별
27	여름엔 태양과 지구의 거리가 가깝고, 겨울엔 멀다.	6-2	4. 계절의 변화
		중3	7. 태양계의 운동
28	매일 낮 12시에 태양은 남중한다.	6-2	4. 계절의 변화
		중3	7. 태양계의 운동

물질

29	공기는 용액이 아니다.	5-1	2. 용해와 용액
30	설탕물의 아랫부분이 가장 달다.	5-1	2. 용해와 용액
31	물의 온도가 높을수록 기체가 더 많이 녹는다.	5-1	2. 용해와 용액
		중2	2. 물질의 특성
32	산성을 띠는 물질은 모두 산성 식품이다.	5-2	2. 용액의 성질
33	붉은, 푸른 리트머스 종이의 색깔을 변화시키지 않는 것은 중성 용액이다.	5-2	2. 용액의 성질
		5-2	5. 용액의 반응
34	묽은 염산에 물을 많이 넣으면 중성 용액이 된다.	5-2	2. 용액의 성질
		5-2	5. 용액의 반응
35	잠수할 때 사용하는 산소통에는 산소만 들어 있다.	6-1	6. 여러 가지 기체

36	기체에 압력을 가하면 분자의 크기가 줄어든다.	6-1 1. 기체의 성질
		중1 5. 분자의 운동
37	물에 녹지 않는 기체만 물속에서 모을 수 있다.	6-1 6. 여러 가지 기체
38	헬륨 기체를 마시면 성대를 자극하여 목소리가 높아진다.	6-1 6. 여러 가지 기체
39	빵빵한 과자 봉지에 더 많은 과자가 들어 있다.	6-1 6. 여러 가지 기체
40	촛불의 가장 밝은 부분이 온도도 가장 높다.	6-2 5. 연소와 소화
41	물에는 불을 끄는 성분이 있다.	6-2 5. 연소와 소화
42	촛농에도 불이 붙는다.	6-2 5. 연소와 소화

에너지

43	벼락이 칠 때 땅에 엎드리면 안전하다.	5-2 6. 전기 회로 꾸미기
		중2 7. 전기
44	건전지가 다 닳으면 가벼워진다.	5-2 6. 전기 회로 꾸미기
45	큰 힘이 있어야 큰 압력이 생긴다.	6-2 1. 물 속에서의 무게와 압력
46	무거운 사람이 탄 그네가 더 천천히 움직인다.	5-1 4. 물체의 속력
		중2 1. 여러 가지 운동
47	무거운 공이 가벼운 공보다 빨리 떨어진다.	5-1 4. 물체의 속력
		중2 1. 여러 가지 운동
48	롤러코스터도 엔진이 있다.	5-2 8. 에너지
		중3 2. 일과 에너지
49	공기가 없으면 중력도 없다.	중1 10. 힘
50	냉장고를 열어 두면 방 안이 시원해진다.	5-2 8. 에너지
		중1 7. 상태 변화와 에너지
51	도구를 쓰면 언제나 힘이 작게 든다.	6-2. 6. 편리한 도구
52	신기루는 착시 현상이다.	5-1 1. 거울과 렌즈
		중1 2. 빛
53	작은 거울이라도 거울에서 멀리 떨어지면 나의 전체 모습을 비출 수 있다.	5-1 1. 거울과 렌즈
		중1 2. 빛
54	볼록 렌즈로 빛을 모을 때 렌즈가 뜨거워진다.	5-1 1. 거울과 렌즈
55	야구장에서 모든 사람의 응원가 소리를 동시에 들을 수 있다.	5-1 4. 물체의 속력
		중1 12. 파동

오개념 체크 리스트

생명

1. O	2. X	3. X	4. X	5. O	6. O	7. O
8. X	9. X	10. X	11. O	12. O	13. X	14. O	15. O
16. X	17. X	18. O	19. X	20. X	21. O	22. O	23. X
24. O	25. X	26. O	27. O	28. O	29. X	30. O	31. X
32. X	33. O	34. X	35. X	36. O	37. O	38. X	39. X

지구와 우주

		40. X	41. X	42. X	43. X	44. O	45. X
46. X	47. X	48. O	49. X	50. X	51. X	52. O	53. O
54. O	55. X	56. X	57. X	58. X	59. X	60. O	61. X
62. O	63. X	64. X	65. X	66. X	67. O	68. X	69. X
70. X	71. X						

물질

	72. X	73. X	74. O	75. X	76. X	77. O	78. X
79. X	80. X	81. X	82. X	83. X	84. X	85. O	86. X
87. X	88. O	89. X	90. X	91. X	92. O	93. X	94. X
95. O	96. O	97. X	98. O	99. X	100. X	101. X	102. X
103. O	104. X	105. X	106. X	107. O	108. O	109. X	110. O
111. X							

에너지

		112. O	113. O	114. X	115. O	116. X	117. X
118. X	119. X	120. O	121. X	122. O	123. X	124. X	125. X
126. O	127. X	128. X	129. O	130. X	131. O	132. X	133. O
134. X	135. X	136. X	137. O	138. X	139. O	140. X	141. X
142. O	143. X	144. X	145. O				

 시험에서 속기 쉬운 오개념 생명

> **1.** 해설참조　**2.** ⑤　**3.** ㉠ 꽃, ㉡ 민꽃, ㉢ 종자(씨), ㉣ 포자　**4.** ㉮ 밑씨, ㉯ 속씨, ㉰ 겉씨　**5.** 유산균　**6.** ④　**7.** ㉠ 체내수정, ㉡ 체외수정　**8.** ③　**9.** ②　**10.** ④, ⑤

해설

1. 꽃가루받이가 이루어지는 방법(꽃가루를 암술머리로 옮겨주는 매개체가 무엇이냐)에 따라 구분한다. 곤충에 의해 이뤄지면 충매화, 바람에 의해 이뤄지면 풍매화, 물에 의해 이뤄지면 수매화, 새에 의해 이뤄지면 조매화이다. 민들레는 곤충들에 의해 꽃가루받이가 이뤄지기 때문에 충매화이다.

2. 사막에서는 잎이 넓으면 수분이 많이 증발해서 오래 견딜 수 없기 때문에 선인장의 잎이 가시로 변했습니다.

3. 꽃이 피는 식물은 꽃식물이라 하고, 종자(씨)로 번식합니다. 꽃이 피지 않는 식물은 민꽃식물이라 하고, 민꽃식물은 포자로 번식합니다.

4. 꽃식물 중에 밑씨가 씨방 속에 들어 있는 식물은 속씨식물, 밑씨가 겉으로 드러난 식물을 겉씨식물이라고 합니다.

5. 장에 존재하는 유산균(젖산균)이 생성하는 유산(젖산)은 유해한 균들이 살지 못하는 환경을 만들어 줍니다.

6. 온몸을 순환하여 이산화탄소가 많이 들어 있는 혈액이 대정맥을 통해 심장으로 들어오면 폐동맥을 통해 폐로 운반하고, 폐에서 새로운 산소를 공급 받아 폐정맥을 통해 심장으로 들어온 다음 대동맥을 통해서 몸 전체로 흐르게 됩니다. 따라서 폐동맥에는 이산화탄소가 많이 들어 있는 혈액이, 폐정맥에는 산소가 많이 들어 있는 혈액이 흐릅니다.

8. 들숨에는 약 79%의 질소, 약 21%의 산소, 약 0.03%의 이산화탄소가 들어 있고, 날숨에는 약 79%의 질소, 약 17%의 산소, 약 4%의 이산화탄소가 들어 있습니다.

9. 다른 기관에서는 영양소를 몸에 흡수하기 쉽도록 잘게 분해하기만 하고 작은 창자에서만 영양소를 흡수합니다.

10. 동식물의 사체는 분해자의 작용에 의해 분해되어 무기물로 바뀌고, 무기물들은 환경으로 돌아가서 식물이 광합성을 하고 자라는 데 필요한 무기 양분이 됩니다.

시험에서 속기 쉬운 오개념 지구와 우주

1. 대류권, 중간권 **2.** ③, ④, ⑤ **3.** ㉠ 달, ㉡ 만조, ㉢ 간조 **4.** ④, ⑤ **5.** ㉠ 판 경계, ㉡ 판내부 **6.** ③, ④ **7.** ② **8.** ㉠ 크다, ㉡ 딱딱하다, 운석 구덩이가 많다 등, ㉢ 크다 **9.** ⑤ **10.** ④

해설

1. 위로 올라갈수록 대류권과 중간권은 기온이 떨어지고, 성층권과 열권은 기온이 올라갑니다.

2. 대기압이란 공기의 압력으로, 1기압은 76cm 높이의 수은 기둥이 누르는 힘과 같습니다. 고기압과 저기압은 상대적인 개념으로 주위보다 기압이 높으면 고기압, 주위보다 기압이 낮으면 저기압입니다. 바람은 고기압에서 저기압으로 붑니다.

3. 조석은 지구와 달 사이에 잡아당기는 힘에 의해 일어납니다. 해수면이 가장 높을 때를 만조, 가장 낮을 때를 간조라고 합니다. 만조와 간조는 하루에 두 번 일어나는 곳도 있고 한 번 일어나는 곳도 있습니다.

4. 남극 내륙 중심부에서의 연평균기온은 영하 55℃이고, 북극은 평균기온이 영하 30℃~영하 40℃로 북극이 남극보다 덜 춥습니다. 남극은 남반구에 있어서 북극과 계절이 반대입니다. 북극이 여름이면 남극은 겨울, 북극이 겨울이면 남극은 여름입니다.

6. 달은 대기와 물이 없지만, 우주로부터 날아오는 미세입자로부터 침식이 일어납니다. 지구에는 대기가 있어서 운석들이 지상에 도달하기 전에 대부분 타버리는데, 그것이 바로 유성(별똥별)입니다. 달은 대기가 없어서 유성(별똥별)을 볼 수 없습니다.

7. 천문학에서 별은 태양처럼 스스로 빛을 내는 항성을 말합니다. 금성은 태양 빛을 반사해서 빛나는 행성입니다. 우리가 눈으로 볼 수 있는 행성은 수성, 금성, 화성, 목성, 토성입니다.

9. 지구는 23.5° 기울어서 공전을 하기 때문에 계절이 생깁니다. 태양이 적도보다 위쪽을 비출 때는 여름이고, 태양이 적도보다 아래쪽을 비출 때는 겨울입니다.

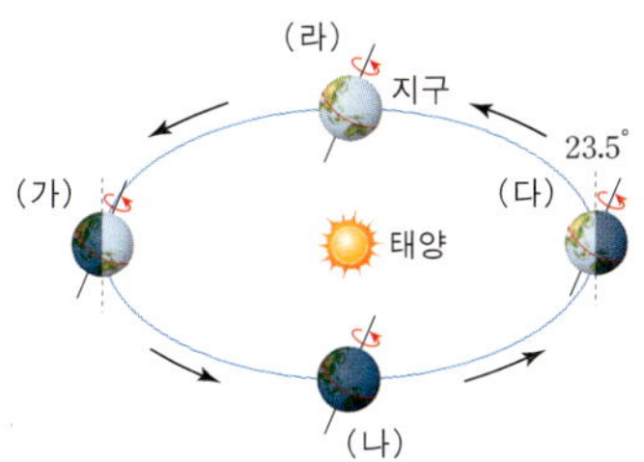

10. 우리나라는 동경 135° 지방의 평균태양시를 표준시로 채택했습니다. 동경 135° 선은 동해 위와 일본 아카시 지방, 호주를 지납니다.

시험에서 속기 쉬운 오개념 **물질**

116~119쪽

1. ②, ③, ④　　**2.** 해설참조　　**3.** ④　　**4.** 4　　**5.** ⑤　　**6.** ⑤　　**7.** ②　　**8.** ⑤
9. ②, ③　　**10.** ㉢, ㉣, ㉡, ㉠

해설

1. 밀가루를 물에 섞은 후 거름 장치에 거르면 거름종이에 밀가루가 남으므로 용액이 아닙니다. 또, 두 가지 이상의 물질이 균일하게 섞여 있는 혼합물을 용액이라고 합니다.

2. 60℃의 설탕물이 더 달다. 왜냐하면 물의 온도가 높을수록 설탕이 더 많이 녹기 때문이다.

3. 기체는 온도가 높을수록 용해도가 낮습니다. 또, 용해되면서 열이 발생하는 황산나트륨이나 황산세륨 등은 온도가 높아지면 용해도는 낮아집니다.

4. 푸른 리트머스 종이는 pH가 5.0 이하일 때만 붉은색으로 변합니다.

5. 산성 용액과 염기성 용액을 적절하게 섞으면 중성 용액을 만들 수 있습니다.

6. 기체에 힘을 주면 분자 간의 거리가 줄어들기 때문에 부피가 줄어듭니다.

7. 산소와 이산화탄소는 공기보다 무거우므로 하방치환의 방법으로도 모을 수 있습니다.

8. 헬륨의 밀도가 공기보다 낮기 때문에 헬륨 기체를 마시면 높은 소리가 납니다.

9. 물이 수증기가 되면서 주변의 열을 빼앗아가기 때문에 주변의 온도가 낮아져 불이 꺼집니다.

10. 촛불은 기체 파라핀이 연소하는 증발연소입니다.

 시험에서 속기 쉬운 오개념 에너지

1. ③ **2.** ㉠, ㉢ **3.** ① **4.** ④ **5.** ② **6.** ② **7.** ③ **8.** ⑤ **9.** ③ **10.** ①

해설

1. 땅 위에 엎드리면 머리와 다리 사이가 벌어져서 전압차가 생기게 되어 몸을 통해 전류가 흐르므로 위험합니다.

2. 스키와 설피는 접촉 면적을 크게 하여 압력을 줄인 경우입니다.

3. 진자의 주기는 추의 무게나 진폭에 관계없이 일정합니다. 주기에 영향을 주는 것은 실의 길이인데, 실이 길수록 주기는 늘어나고 실이 짧을수록 주기도 짧아집니다.

4. 깃털의 경우 공기의 저항을 많이 받아 천천히 떨어집니다. 진공에서라면 모두 동시에 땅에 도달합니다.

5. 높은 곳에 있는 롤러코스터는 위치 에너지를 가지게 됩니다. 높이 올라간 롤러코스터가 아래로 내려가면서 가지고 있던 위치 에너지를 운동 에너지로 변화시킵니다. 따라서 $B \rightarrow C$ 구간에서 위치 에너지가 운동 에너지로 전환됩니다.

6. 1종 지레와 2종 지레는 힘에 이득이 있지만, 3종 지레는 힘에 이득은 없고, 세심한 작업을 하거나 빠른 속력을 낼 때 씁니다.

7. 신기루 현상이나, 물속의 빨대가 굽어보이는 것, 안경을 통해 물체를 보는 것은 모두 빛이 굴절하기 때문에 일어나는 현상입니다.

8. 반사의 법칙에 의해 입사각과 반사각이 같으므로 ②번 학생은 ⑤번 학생을 볼 수 있습니다.

9. 볼록 렌즈와 오목 거울은 빛을 모아주고, 오목 렌즈와 볼록 거울은 빛을 퍼지게 합니다.

10. 빛의 속력이 가장 빠릅니다. 빛은 초속 299,792,458m인데, 이 속도는 1초에 지구 일곱 바퀴 반을 돌 수 있는 속도입니다.

오개념탈출 프로젝트 과학 2

글 전영석, 이수아, 이현정, 임미량, 황현정(과학주머니)
그림 표지_서춘경, 본문_최영아, 다우
사진 연합뉴스, 뉴시스 제공

1판 1쇄 인쇄 2009년 3월 30일
1판 1쇄 발행 2009년 4월 8일

펴낸이 김영곤
펴낸곳 (주)북이십일 아울북
개발실장 이유남
기획 개발 신정숙, 이장건
책임 개발 이장건
전략영업본부장 이양종
마케팅 허성원, 민안기
영업 이종률, 서재필
디자인 표지_최은, 본문_02정보디자인
편집 다우

주소 경기도 파주시 교하읍 문발리 파주출판문화정보산업단지 518-3(413-756)
연락처 031-955-2154(마케팅), 031-955-2108(영업), 031-955-2157(내용문의)
홈페이지 www.keystudy.co.kr
출판등록 제10-1965호 Copyright© 2009 by 아울북. All rights reserved.

값 10,000원
ISBN 978-89-509-1686-2
ISBN 978-89-509-1728-9 (세트)